我的第一套课外故事书

我的第一本动物故事书

余 枫 编著

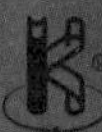
上海科学普及出版社

图书在版编目（CIP）数据

我的第一本动物故事书 / 余枫编著. — 上海：上海科学普及出版社，2016.11

（我的第一套课外故事书）

ISBN 978-7-5427-6753-0

Ⅰ.①我… Ⅱ.①余… Ⅲ.①动物—青少年读物 Ⅳ.① Q95-49

中国版本图书馆 CIP 数据核字 (2016) 第 152376 号

责任编辑　刘湘雯

我的第一套课外故事书

我的第一本动物故事书

余　枫 编著

上海科学普及出版社出版发行

（上海中山北路 832 号 邮编 200070）

http://www.pspsh.com

各地新华书店经销　三河市同力彩印有限公司

开本 787×1092　1/16　印张 8　字数 160 000

2016 年 11 月第 1 版　2016 年 11 月第 1 次印刷

ISBN 978-7-5427-6753-0　　定价：25.80 元

前言

动物的世界也像人类的世界一样千奇百怪而又无比精彩。但是由于生态环境的破坏以及人们的过度捕杀，许多动物已濒临灭绝，有的甚至已经从地球上永远消失了。动物同样也是地球的生灵，它们是人类的亲密朋友，所以我们应该以博爱之心去对待并保护我们周围的动物朋友。

为了更好地保护我们的动物朋友免遭侵害及捕杀，我们应该更多地了解动物，并学习相关知识。本书将带领我们走进一个栩栩如生的动物世界。

本书以通俗易懂的语言、精美的插图和妙趣横生的故事，深入浅出地讲述了动物奇特的身体构造及独特的生存本领。文中还穿插了保护动物名言、模拟动物的调侃语、各国有趣的动物保护法等内容。这些内容的加入，可以激发孩子们观察小动物、学习动物知识的兴趣，培养他们用一颗善良的心，对待身边的动物并且保护它们不受伤害。

目 录

第1章 有趣的动物故事

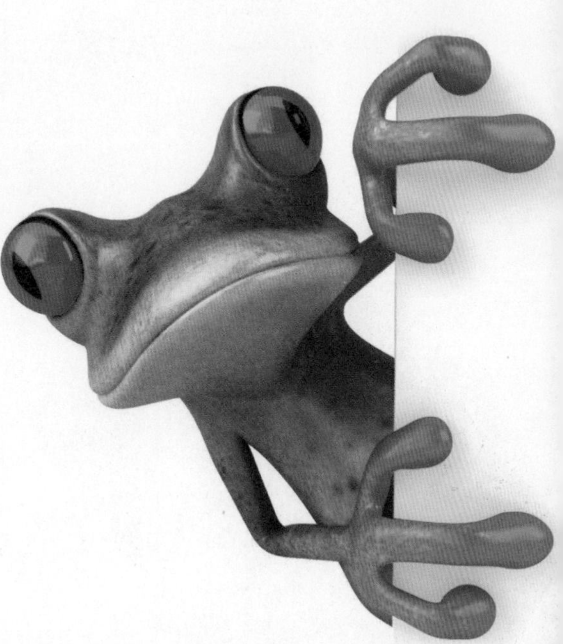

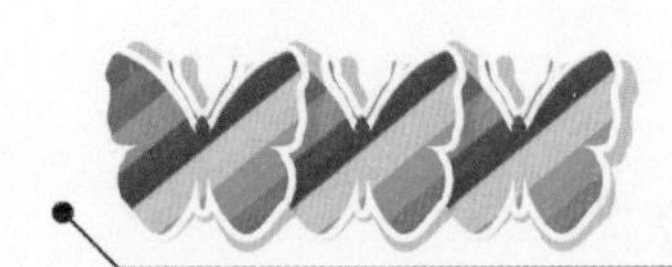

第 2 章 那些令人惊叹的动物们

有趣的动物故事

第1章

其实我也有再生术  

一天，小壁虎领着蚯蚓来到街上游玩。只见街上车水马龙，一派热闹非凡的景象。它们俩从没见过这么多的人和车，一时之间看得眼花缭乱。这时突然一辆自行车飞驰而过，把蚯蚓碾成了两截。蚯蚓疼得满地翻滚，龇牙咧嘴，痛苦不堪。小壁虎伤心地哭道："都是我不好，不该带你到这儿来，是我害了你呀。我的尾巴断了可以再长，你的身子断了可怎么办呢？"蚯蚓紧皱眉头，冷汗直流，喘着粗气安慰小壁虎道："小壁虎，别伤心了，我没事的，其实我和你一样有再生功能，过几天就会长好的。只是，只是现在疼得我实在受不了啊……"

蚯蚓真的有"再生术"吗？这究竟是怎么回事呢？

蚯蚓喜欢生活在温润、潮湿的土壤中。

蚯蚓是环节动物门寡毛纲的陆生动物，种类很多，几乎见于所有湿度合适并含足够有机物质的土壤中。

蚯蚓体长 6 ~ 12 厘米，体重约 0.7 ~ 4 克，最重的可达 1.5 千克；体形为长圆柱形，淡褐色，由 100 多个体节组成，身体前段相对较尖，后端较圆，且在前段有一个分节不明显的环带；大多数体节中有刚毛，背部背线处有背孔。它们常常在夜间出来活动，以土壤中腐烂的生物体为食物，也会吞食大量土壤和石沙。蚯蚓为雌雄同体，但需要异体受精。

LINK

蚯蚓俗称蛐蟮，在中药里称地龙，性寒、味咸，具有清热、平肝、止喘、通络的功能，可用于治疗高热狂燥、惊风抽搐、风热头痛、目赤、半身不遂等病征。

蚯蚓的药用价值很高，能治疗多种疾病。

再生功能

蚯蚓的身体就像两根两头尖的管子套在了一起，当它被切成两段时，断面上的肌肉会立即收缩，一部分肌肉迅速溶解，形成新的细胞团，进而形成栓塞，使伤口迅速闭合，而体内的消化道、神经系统、血管等组织的细胞会迅速地生长。这样，随着细胞的不断增生，在缺少头部的那段切面上，就会长出一个新的头部来；在缺少尾巴那段的切面上，则会长出一条新的尾巴来。

对农业的卓越贡献

蚯蚓对农业生产具有重要作用。它们不断地在土壤中活动，使土壤疏松柔软，这样便有利于水分和空气更充分地渗入土壤，从而促进农作物生长。

此外，蚯蚓每天吞食大量的腐烂有机物和泥土，然后形成粪便排出体外，而这些粪便正是一种高效优质的肥料。蚯蚓的粪便无臭、无毒、无污染，且含有丰富的氮、磷、钾等元素，不仅能改良土壤，而且能使瓜果和蔬菜更甜、更鲜。

奇特的呼吸

蚯蚓的上皮分泌黏液，背孔排出体腔液，能够保持体表湿润，有利于呼吸。蚯蚓没有专门的呼吸系统，正常情况下主要依靠其湿润的体表来完成气体交换。当氧溶在蚯蚓体表的薄膜中时，就会紧接着渗入角质膜及上皮，到达微血管丛，血浆中的血红蛋白与氧结合，再输送到体内各部分。

食夫育子……螳螂

法国著名昆虫学家法布尔在《昆虫记》中这样描述道：“……然而事实上，雌螳螂甚至还具有吃食它丈夫的习性。这可真让人吃惊！雌螳螂在吞食它丈夫的时候，会咬住它的头颈，然后一口一口地吃下去。最后，只剩下两片薄薄的翅膀。这真令人难以置信。”这究竟是怎么一回事呢？

其实，螳螂界的这一现象，是为了保护物种、繁衍后代的需要。为此，雄螳螂甘心忍受极大的苦痛，以自己宝贵的生命为代价，为雌螳螂提供孕育后代所需的充足营养。

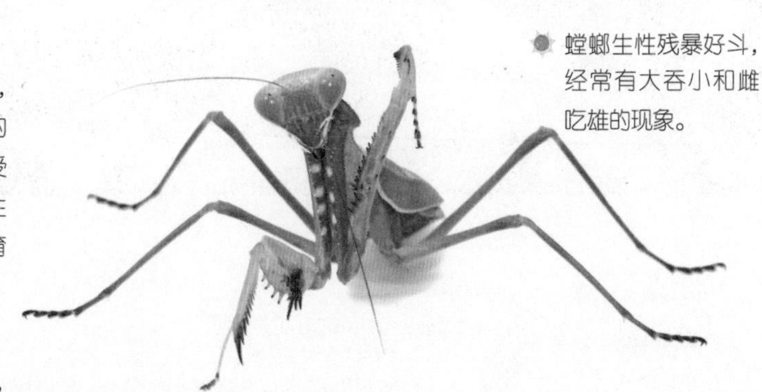

螳螂生性残暴好斗，经常有大吞小和雌吃雄的现象。

螳螂，也称刀螂，是无脊椎动物，属于昆虫纲，有翅亚纲，螳螂科，是一种中型至大型昆虫，除极地外，广泛分布于世界各地，尤以热带地区种类最为丰富。目前全世界已知大约有1585种，中国已知约有51种。

螳螂身体呈长形，多为绿色，也有褐色或具有花斑的种类。它们具有咀嚼式口器，上颚强劲，头呈三角形且活动自如，复眼大而明亮；触角细长；颈可自由转动。前足腿节和胫节有利刺，胫节镰刀状，常向腿节折叠，形成可以捕捉猎物的前足；前足为捕捉足，中、后足适于行走；前翅皮质，为覆翅，缺前缘域，后翅膜质，臀域发达，扇状，休息时叠于背上；腹部肥大。螳螂生性残暴好斗，寿命6～8个月。

产卵方式

螳螂的产卵方式非常特别，既不产在地下，也不产在植物茎中，而是将卵产在树枝表面。交尾后2天，雌螳螂一般头朝下，从腹部先排出泡沫状物质。泡沫状物质很快凝固，形成坚硬的卵鞘，之后雌螳螂便在上面顺次产卵。

螳螂的卵产于卵鞘内，每一卵鞘有卵20～40个，排成2～4列。每只雌螳螂可产4～5个卵鞘，次年初夏，从卵鞘中便孵化出数百只若虫。初孵出的若虫为预若虫，蜕皮 3 ～ 12 次始变为成虫。螳螂一般每年只产一次卵。

自然界堪称完美的拟态——兰花螳螂。

保护色与拟态

螳螂具有保护色，有的还具有拟态，可以调整自身形态、颜色与所处环境相似，借以保护自己、捕食害虫。螳螂常常在植丛中而非地面上活动，体形可像绿叶或褐色枯叶、细枝、地衣、鲜花和蚂蚁，不但可躲过天敌，而且在接近或等候猎物时不易被发觉。

益虫

螳螂是肉食性昆虫，凶猛好斗，取食范围广泛，且食量大，猎捕各类昆虫和小动物，在田间和林区能消灭不少害虫，因而螳螂是益虫。

药用价值

螳螂的卵鞘中药称桑螵蛸或螵蛸，具有定惊止搐、解毒消肿的疗效，常用于治疗小儿惊痫抽搐、咽喉肿痛、疔肿恶疮以及脚气等疾病。

LINK

螳螂可以通过人工反季节培育，以供人们整年欣赏。螳螂还是动物园、野生昆虫园中常见的动物。

正在捕食林间害虫的螳螂。

有28000多只小眼的昆虫  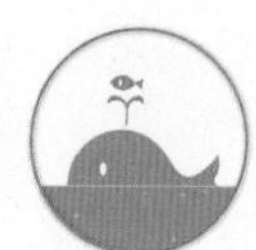

蜻蜓妈妈是在故意取笑蝉吗？它说的有没有道理？其实啊，在昆虫界，蜻蜓的本领还真不小呢。

蜻蜓姑娘最近交了一个新男友，它的名字叫蝉。蜻蜓妈妈知道后，不放心地问："它是做什么工作的呢？""妈妈，它可是歌手哦！""什么歌手？你以为我不知道吗？以前不就是一个挖地道的嘛！""妈妈，你怎么能这样说人家啊，我们自己不也很普通嘛！""什么普通，我们可是昆虫界的复眼美女哦，而且还是捕虫高手呢，比它们蝉强多啦！"

蜻蜓，无脊椎动物，是昆虫纲蜻蜓目差翅亚目昆虫的通称。目前全世界约有5000种，中国约有300种。

蜻蜓一般体形较大，最大的长达19.3厘米。翅长而窄，膜质，网状翅脉极为清晰。视觉极为灵敏，有两个复眼和三个单眼；触角一对，细且较短；咀嚼式口器。腹部细长，呈扁形或圆筒形，末端有肛附器。足细而弱，上有钩刺。蜻蜓一生要经历3个阶段：卵、稚虫及成虫。无论成虫还是幼虫均为肉食性，多食害虫。

眼睛最多的昆虫

蜻蜓有1对复眼，较大，约占头部的1/2，它由28000多只小眼组成，是世界上眼睛最多的动物。

蜻蜓的这些小眼都与感光细胞和神经连着，可以辨别物体的形状大小。蜻蜓的视力极好，而且它不用转头就可以把周围四面八方的事物尽收眼底。此外，它们的复眼还能测速。当物体在复眼前移动时，每一个小眼依次产生反应，经过大脑的分析它就能确定出目标物体的运动速度。这使得蜻蜓成为昆虫界的捕虫高手。

你知道这是谁的复眼吗？对了，是苍蝇的，蜻蜓的复眼比这个还要复杂得多呢！

飞行捕食高手

蜻蜓是世界上飞行速度最快的昆虫之一。蜻蜓的翅质薄而轻，重量仅有 0.005 克，每秒却可振动 30 ~ 50 次；它们的飞行时速可达 56 千米，被誉为昆虫里的“飞行之王”。蜻蜓的速度和敏捷性使它成为最有效率的飞行捕食者。

“蜻蜓点水”的秘密

蜻蜓为什么用尾巴点水呢？其实，蜻蜓和许多昆虫都不一样，它的卵是在水里孵化的，幼虫也在水里生活，所以它点水实际上是在产卵。雌蜻蜓通常在飞翔时用尾部接触水面，把卵排出。人们常见的“蜻蜓点水”，实际上就是它产卵的瞬间。

益虫

蜻蜓一般在池塘或河边飞行，除能大量捕食蚊、蝇外，还能捕食蝶、蛾、蜂等害虫，有些蜻蜓甚至还能吃掉体重为自身体重 60% 的猎物。

蜻蜓是世界上眼睛最多的昆虫，它们的种类很多，体色变化非常大，许多蜻蜓都拥有十分艳丽甚至是梦幻般的色彩。

LINK

蜻蜓一般要经 11 次以上蜕皮，历时 2 年或 2 年以上才沿水草爬出水面，再经最后蜕皮羽化为成虫。

带来光明的小天使……萤火虫

小小的萤火虫竟然有这么大的功劳，真是了不起啊！咦，它们究竟是用什么使得身体能发出亮光啊？

从前，有一群萤火虫，它们个个都是热心肠，都以帮助别人为乐趣。每当夜幕降临的时候，萤火虫们就挑起绿色的小灯笼，成群结队地在夜空里飞来飞去，边飞边喊："谁需要帮忙？有需要帮忙的吗？"有一天，蜘蛛大婶告诉萤火虫，前面不远处有一户人家，由于家境贫困，祖孙俩好久都没有蜡烛照明了，但勤奋的孩子每天都坚持在月光下看书。听说了这件事，萤火虫们二话没说直接飞过去了。多亏了萤火虫的帮忙，那个孩子日后成为了知识渊博的学者。

萤火虫又名夜光、景天、流萤、宵烛、耀夜等，属鞘翅目萤科，是一种小型甲虫，因其尾部能发出萤光，故名萤火虫。

全世界有2000多种萤火虫，大多于夏季在河边、池塘边或农田出现，活动范围一般不会离开水源。

会发光的萤火虫

萤火虫体长0.8厘米左右，身形扁平细长，头较小，体壁和鞘翅较柔软，头部被较大的前胸盖板盖住。雄虫触角较长，有11节，呈扁平丝状或锯齿状；腹部可见腹板6～7节，末端有发光器，可发出荧光。雌虫身体比雄虫大，荧光比雄虫亮。

会发光的昆虫

蛍火虫体内有一种发光物质——荧光素，经发光酵素作用，会引起一连串化学反应，产生的能量以光的形式释放出来。

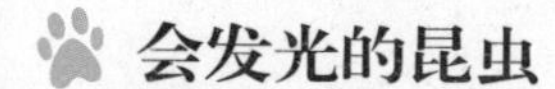

萤火虫常见的光色有黄色和绿色，有时也有红色或橙红色。颜色不同是因为荧光素酶的立体构造不同，与发光体结合紧密就发绿光，反之则是红色或橙红色的荧光。雄虫腹部有2节发光，雌虫只有1节。"亮灯"是耗能活动，所以萤火虫不会整晚发光，一般只能维持2～3小时。

光的"暗语"

萤火虫一般在日落后1小时内非常活跃，雌雄竞相追求。雄虫或快或慢闪动亮光，隔20秒再次发出讯号，然后耐心等待雌虫的回应。如果雌虫没有反应，雄虫会飞往别处。

多数雌虫没有翅膀，不能飞翔，外形与幼虫差不多，但能发出较强的光。通常人们在夏天夜里所看见的闪闪流荧，都是雄性萤火虫在寻找雌虫。雌虫发现雄虫的光后，会爬上草尖，在草茎上闪光，经过雌雄几次对光传达信息之后，雄虫便循着雌虫所发出的光飞下来与雌虫交配。交尾结束后，雌雄都会同时将光减弱，重新回到草丛中去。过不了多久，雌虫就会产下数百颗能发出微弱荧光的卵粒。

冷光

由于萤火虫体内化学反应所产生的大部分能量都用来发光，只有 2% ~ 10% 的能量转为热能，所以，当萤火虫停在我们的手上时，我们不会被萤火虫的光烫到，因此人们又将萤火虫发出来的光称为冷光。

LINK

萤火虫是一种完全变态昆虫，一生要经历卵、幼虫、蛹与成虫 4 个阶段，而幼虫一般需要 6 次蜕变才能进入蛹阶段。萤火虫的生长时间相对来说比较长，大部分种类一年一代，并以幼虫期、蛹期或卵期过冬，幼虫生长更是要长达 10 个月的时间，而成虫的寿命却非常短，只有 20 天左右。

等级森严、分工明确的家族……蜜蜂

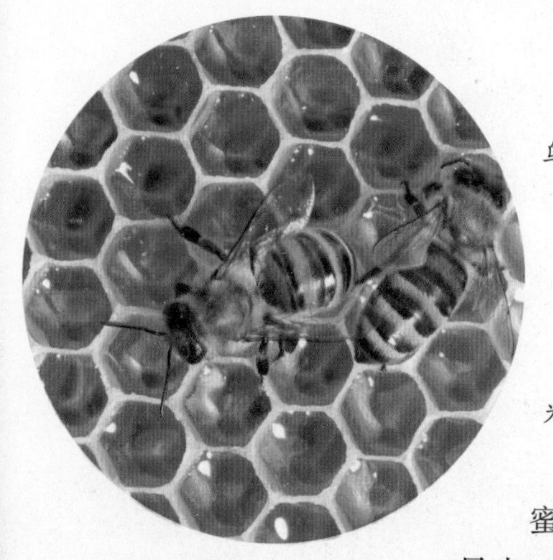
漂亮的蜂巢与勤劳的蜜蜂。

夏天到了，小蜜蜂在花丛中忙忙碌碌地飞来飞去。一只乌龟趴在树荫下睡着懒觉，几个钟头过去了，当它醒来后发现蜜蜂依然在忙碌着，就不耐烦地说："小家伙，你不嫌累呀，这么热的天你也不休息一会儿，还在不停地酿蜜……""乌龟爷爷，酿蜜是我们工蜂的本职工作啊，我们习惯了忙忙碌碌，否则我们会对不起蜂王和雄蜂哦。为了蜜蜂家族的兴旺，我们必须这样做。"

多么懂事、勤劳的工蜂啊！小朋友们，你们对蜜蜂家族了解多少呢？其实啊，这个家族有着非常森严的等级制度，分工也非常明确。

蜜蜂，属膜翅目，蜜蜂科，是一种会飞的群居昆虫，颜色通常呈黄褐色或黑褐色，以植物的花粉和花蜜为食。全世界均有分布，而以热带、亚热带种类较多。目前，世界上现存的蜜蜂种类有 9 种。

蜜蜂体长 8 ~ 20 毫米，头与胸几乎同宽；触角膝状，复眼椭圆形，口器嚼吸式；两对膜质翅，前翅大，后翅小，前后翅以翅钩列连锁；腹部近椭圆形，体毛较胸部为少，腹末有螯针。

蜜蜂属群居类，由蜂王、雄蜂和工蜂组成，它们都要经过卵、幼虫、蛹和成虫的 4 个发育阶段。

家族女王——蜂王

在蜜蜂家族里，至今仍过着一种母系氏族的生活。在这个群体中，有一个蜂王"统治"着整个大家族。

蜂王体形细长，它是具有生殖能力的雌蜂，负责产卵、繁殖后代，分泌的激素可以抑制工蜂的卵巢发育，并且影响蜂巢内工蜂的行为。羽化出房的新蜂王身体柔嫩，由工蜂给它梳理身上的绒毛，交

配成功的蜂王不久便开始产卵。蜂王交尾后除了分蜂以外，一般不再出巢。蜂王的寿命通常为 3 ~ 5 年，最长的可活 8 ~ 9 年。

懒汉——雄蜂

雄蜂是由未受精的卵发育而成的，在较大雄蜂房里发育。雄蜂生殖系统的发育需要较长的时间，羽化出房后还要经过 8 ~ 14 天才能达到性成熟。

雄蜂的任务是和蜂王交配，繁殖后代。它们不参加酿造和采集生产，个头比工蜂大些。

最勤劳的员工——工蜂

工蜂是最勤劳的，蜂巢内的各种工作基本上都是由它们操持的，儿歌里唱的“小蜜蜂，整天忙，采花蜜，酿蜜糖”，说的就是工蜂。一个群体中工蜂的数量一般为 2 万 ~ 5 万只，它们除了收集花蜜和花粉外，还负责哺育幼虫、泌浆清巢、保巢攻敌等工作。

工蜂与蜂王一样也是由受精卵发育成的，其寿命一般是 30 ~ 60 天。在北方的越冬期，工蜂较少活动，没有参加哺育幼虫的越冬蜂可以活 5 ~ 6 个月。工蜂的数量决定蜂群的兴衰。

LINK

蜂蜜是人们常用的滋补品，有“老年人的牛奶”的美称；蜂花粉被人们誉为“微型营养库”；蜂王浆则是高级营养品，不但可增强体质，延年益寿，还可治疗神经衰弱、贫血、胃溃疡等慢性病。

辛勤的劳动者——蜜蜂，注意看它们的身体上沾满了花粉呢！

丝网恢恢，疏而不漏 ······ 蜘蛛

小蜘蛛一觉醒来，发现网上粘着一只大蜻蜓。大蜻蜓一边挣扎着，一边怒视着说："可恶的蜘蛛，快放我下来。真没想到，你会采用这种卑鄙的手段来暗算我！"小蜘蛛一听急忙说道："你误会我了。我织这网，只是为了捕捉蚊子和苍蝇的，并没想捉你，我这就放你下来。"被解救出来的大蜻蜓却迟迟不肯离开，说："小蜘蛛，你织的网很厉害啊，你们是如何织网的呢？我也想学学！""蜘蛛网不仅是我的家，也是我捕捉昆虫的工具。而你却不能学，因为你的身体内没有纺绩器啊……"

小小的蜘蛛竟然有这么大的本事，连大蜻蜓都会被那不起眼的网给粘住，看来我们还真是不可小看蜘蛛啊！

蜘蛛，别名"网虫"、"扁蛛"、"园蛛"、"喜子"等，是节肢动物门蛛形纲蜘蛛目所有种类的通称。除南极洲以外，全球各地均有分布，目前已知有40000多种，我国约有3000种。

蜘蛛体长1～90毫米，步足4对，上覆刚毛，并具数种感觉器官，单眼8个或8个以下，头胸部与腹部之间有纤细的腹柄相连。因腹柄的存在，纺绩器纺丝时腹部可自由摆动。蜘蛛的种类繁多，分布较广，适应性强，在水陆空各处都有蜘蛛的踪迹。与一些昆虫相比，蜘蛛是长寿者，一般可存活8个月至2年，但雄蜘蛛比较短命，交尾后不久即死亡。

独有的纺绩器

蜘蛛通常具有6个纺绩器，位于体后端肛门的前方；有些种类则只有4个纺绩器。纺绩器上有许多纺管，内连各种丝腺，由纺管纺出丝。

蜘蛛通过丝囊尖端的凸起分泌黏液，这种黏液一遇空气即可凝成很细的丝。以这些丝结成的网具有高度的黏性，是蜘蛛的主要捕食手段。对粘上网的昆虫，

样子吓人的蜘蛛。

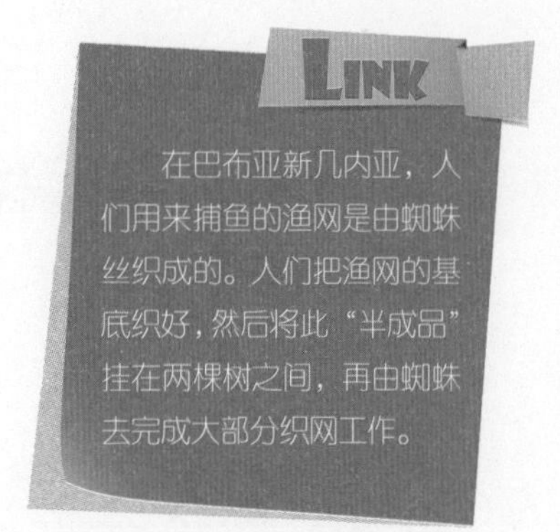

LINK

在巴布亚新几内亚，人们用来捕鱼的渔网是由蜘蛛丝织成的。人们把渔网的基底织好，然后将此“半成品”挂在两棵树之间，再由蜘蛛去完成大部分织网工作。

蜘蛛会先对其注入一种特殊的液体——枣消化酶。这种消化酶能使昆虫昏迷、抽搐直至死亡，并使其肌体发生液化，液化后蜘蛛以吮吸的方式进食。

防卫手段

蜘蛛的天敌很多，如蟾蜍、蛙、蜥蜴等。蜘蛛常用多种方法来御敌，如排出毒液、隐匿、伪装、振动等。当摆脱不掉，而自己的附肢又被敌害捉住时，干脆切断自己的附肢一走了之，反正自断的附肢在蜕皮时还会再生。

益虫？害虫？

蜘蛛对人类有益又有害，但就其对人类的贡献而言，蜘蛛主要是益虫。在农田中蜘蛛捕食的，大多是农作物的害虫。同时在许多中医药中，都有用蜘蛛入药的记载。

但大多数蜘蛛身上都有毒腺，有的甚至还会对人类的安全产生威胁，部分蜘蛛也会危害农作物。从这几方面来说，它们又是害虫。

我可是“网络”精英。

不怕疼就靠近我吧……蝎子

好卑鄙的蝎子啊，真不讲信用，得了便宜还卖乖。其实，蝎子蜇青蛙，也确实像它自己说的一样，真的是情不自禁啊。

有一天，一只青蛙正在河边坐着，这时一只蝎子路过并对它说："青蛙先生，你能否背我一下啊，我想过河。""可你是蝎子呀，蝎子最喜欢蜇青蛙了。""我蜇你干嘛呀，我的目的是到河对岸去。""好吧！"青蛙说，"只要你不蜇我，就上来吧，我送你过河。"可是，它们才到了河中间，蝎子就不由自主地使劲蜇了青蛙一下。"你为什么要蜇我呀？这下子我们两个都会没命的！""没办法，因为我是蝎子，蝎子就是喜欢蜇青蛙，我也管不住自己呀。"

蝎子，属于蛛形纲钳蝎科的动物，全世界约有800种，我国有15种，大多分布在山东、河北、河南、陕西、湖北和山西等地。

蝎子体长约5～6厘米，黄褐色，腹部和附肢颜色稍淡，身体有明显分节且都覆盖硬皮；背部中央有一对中眼，前端两侧各有3个侧眼，口位于腹面前腔的底部；后腹部由5个体节及一个尾刺组成。蝎子多生活在山坡等干湿适宜、植被稀疏、有些草和灌木的地方。蝎子为雌雄异体，一生只能交配两次，为卵胎生，寿命通常为5～8年。

毒钩的威力

蝎子的毒钩位于身躯的最后一节，又称毒刺、毒针，由一个球形的底和一个尖而弯曲的刺钩组成。

蝎子属肉食性动物，常以蜘蛛、蟋蟀、蜈蚣等多种昆虫的幼虫和若虫为食。它们利用自己特有的毒钩来杀死昆虫，然后用形似螃蟹的蟹肢把食物慢慢撕开，先吸吮它们的体液，然后再吐出消化液，将猎物在体外消化后吸入腹中。蝎子的毒钩除了用于捕捉食物外，还用于自卫。当遭到敌人侵害时，它们往往先将后腹部高高举起，然后弯向身体前方，用毒刺蜇刺敌人。

LINK

蝎子属我国维护生态安全所保护的动物，一只蝎子一年可捕杀蝗虫等有害昆虫10000多只，若大肆捕捉蝎子将会使生态环境遭到破坏。而且蝎子从出生到繁殖，约需3年的时间，每年只繁殖1次，这期间如果大规模捕捉，极有可能导致当地野生蝎子灭绝。

相互合作与制约

蝎子之间有睦邻友好的时候，也有相互争斗的时期。当蝎群之间密度小，它们都有自己适宜的生存空间时，就会友好相处。如母蝎会保护幼蝎，幼蝎也会服从母蝎的管理和保护，并且相互和平相处。

当蝎群密度过大，而且食物供应、活动空间、栖居环境都很紧张时，蝎群就会通过各种种群内的相互制约作用，来降低种群密度，如相互残杀、强吃弱、大吃小等。

药用和食用价值

蝎子自古以来就是一种价值较高的中药材。全蝎常用来治疗惊痫、风湿、半身不遂、口眼歪斜、耳聋语涩、手足抽搐等疾病；蝎毒则具有祛风、解毒、止痛、通络的功效，对食道癌、肝癌、结肠癌等有一定疗效。

此外，蝎子营养价值极高，是重要的滋补保健品。除了陆续问世的蝎子酒、蝎子罐头、速冻全蝎、蝎粉保健品之外，甚至在许多宴席上还出现了“油炸全蝎”、“雪山飞蝎”等菜肴。

会放电的鱼……电鳐

10岁的双双和奶奶生活在海边一个小村庄里，虽然日子过得并不富裕，但她们觉得很幸福。可是好景不长，奶奶的风湿病犯了，腿疼得无法下地，只能整天躺在床上。看着被病痛折磨的奶奶，双双暗自下定决心，一定要想法治好奶奶的病。

有一天，双双打听到一个偏方，说海里有一种会放电的鱼能治疗风湿病。可惜她根本不认识那种鱼，也不知道它叫什么名字。正当她着急的时候，遇到了村中的捕鱼大叔……

"孩子，别着急，你说的那种鱼确实能治疗你奶奶的病，它的名字叫电鳐，是一种会放电的鱼类，现在依然有很多人利用电鳐来治疗风湿病……"

小朋友们，你们知道电鳐有什么特殊的本领吗？

电鳐，别名电鲼，是电鳐科、单鳍电鳐科和无鳍电鳐科鱼类的统称，以能发电伤人而闻名。电鳐种类繁多，分布于热带、温带水域，栖于浅水中，活动缓慢，底栖，以鱼类及无脊椎动物为食。

电鳐体长2米左右，体重约20千克。它们身体柔软，皮肤光滑，头与胸鳍形成圆形或近于圆形的体盘；眼小而凸出；前鼻瓣宽大，伸达下唇；齿细小而多；喷水孔边缘隆起；5个狭小的鳃孔直行排列；腹鳍外角不凸出，后缘平直；背部赤褐色，具少数不规则暗斑；尾具侧褶。

活的"发电机"

电鳐头胸部的腹面两侧各有一个肾脏形蜂窝状的发电器，由变态的肌肉组织构成，位于体盘内，排列成六角柱体，叫电板柱。电板之间充满胶质状的物质，可以起到绝缘作用。

每个电板的表面都分布有神经末梢，一面为负电极，另一面为正电极。电流的方向是从正极流到负极，也就是从电鳐的背面流到腹面。在神经脉冲的作用下，这两个放电器就能把神经能变成电能，放出电来，用于防御和捕获猎物。大型电鳐发出的电流足以击倒成人。

江河中的“魔王”

电鳐生活于南美和中美等地的河流中，常常一动不动地躺在水底，不时也浮出水面呼吸。

电鳐通过“电感”来感受周围环境的变化，一旦发现猎物，就会放电将其击毙或击昏，然后饱餐一顿。由于电鳐有这么一手捕杀猎物的绝技，因此被人称为江河中的“魔王”。

风湿病患者的福音

在古希腊和古罗马时代，医生们常常把病人放到电鳐身上，或者让病人触碰正在放电的电鳐，利用电鳐放电来治疗风湿症和癫狂症等疾病。

直到今天，在法国和意大利沿海，还能看到一些患有风湿病的老年人在退潮后的海滩上寻找电鳐，为自己寻找免费治病的“大夫”。

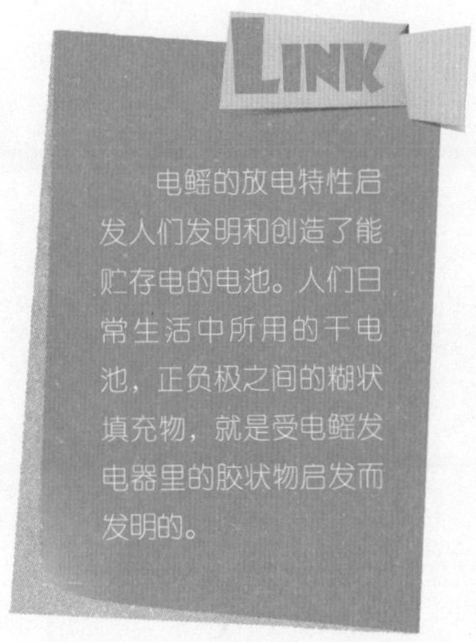

正在等候猎物送上门的“魔王”。

海中狼……鲨鱼

其实鲨鱼的胆子很小，一般不会主动攻击人类。

传说在很久以前，鲨鱼只是一种很小的鱼。有一天，上帝忽然意识到了鱼儿们一直以来所做的贡献，为了给它们一个奖赏，上帝决定赐所有的鱼一个鳔。可惜的是顽皮的小鲨鱼当时并不在场，以致错过了上帝的赏赐。从此，大大小小的鱼类总是欺负它，还说连上帝都不喜欢它。愤怒的小鲨鱼发誓一定要成为强者，于是总是不停地在水中刻苦锻炼，练习游泳和攻击搏斗。功夫不负有心人，终于有一天鲨鱼成了海洋中最凶猛的鱼类之一，令许多鱼类闻风丧胆，甚至成为它的腹中餐。

鲨鱼可真有志气啊，要不然怎么会成为最凶猛的鱼类之一呢？那鲨鱼究竟有多厉害呢？会不会吃人呢？小朋友，你们知道吗？

鲨鱼，古代叫作鲛、鲛鲨、沙鱼，是海洋中的庞然大物，素有“海中狼”之称。世界上约有 380 种鲨鱼，其中有 30 种会主动攻击人，有 7 种可能会致人受伤，还有 27 种因为体形和习性的关系，具有危险性。

鲨鱼的鼻孔位于头部腹面口的前方，有的具有口鼻沟，连接在鼻口隅之间，嗅囊的褶皱增加了与外界环境的接触面积。它们属于软骨鱼类，体内没有鱼鳔，调节沉浮主要靠巨大的肝脏。鲨鱼体形大小不一，身长小至 18 厘米，大至 18 米。它们大多以受伤的海洋哺乳类、鱼类和腐肉为生，也会吃船上抛下的垃圾和其他废弃物。

极为敏感的嗅觉

鲨鱼对气味特别敏感，尤其对血腥味，受伤的鱼类不规则地游弋所发出的低频率振动或者少量出血，都可以把它从远处招来。鲨鱼的嗅觉甚至能超过狗的嗅觉，它们可以嗅出水中 1ppm（百万分之一）浓度的血肉腥味来。

此外，鲨鱼还具有第六感——感电力，鲨鱼能凭借着这种能力察觉物体四周数尺的微弱电场。它们还可借助机械性的感受作用，能够感觉到 200 米外的鱼类或其他动物所造成的震动。

一生更换无数牙齿

据统计，一条鲨鱼在 10 年时间里竟要换掉 2 万余颗牙齿。鲨鱼有 5 ~ 6 排牙齿，除最外排的牙齿能起到真正的保护作用外，其余几排都是“仰卧”着以备用。一旦最外排的牙齿发生脱落，里面一排的牙齿就会马上向前面挪动，用来补足取代脱落牙齿的空缺位置。

同时，鲨鱼在生长过程中较大的牙齿还要不断取代小牙齿。鲨鱼之所以如此更换牙齿，既与它们残暴凶猛、嗜杀成性的天性有关，又与它们的牙齿形状不同有关，因为鲨鱼的咬食力可以说是所有海洋动物中最大的。

一般不主动攻击人

人们通常认为鲨鱼爱攻击人类，但其实鲨鱼非常胆小，它们之所以会攻击人类，是因为人们闯进了它们的地盘，它们为了保卫自己的领域安全才会发动攻击。

据调查，在鲨鱼造成的事故中，有 90% 以上属于误伤。鲨鱼并不是那种不断地寻找人类作为攻击目标的邪恶生物，它们与其他所有动物一样，也是依靠本能行事的。

鲸鲨是世界上最大的鲨鱼，也是目前世界上体形最大的鱼类。

海洋杀手的克星 ······ 豹鳎

鲨鱼在海洋中素有“魔王”、“海中狼”、“海洋杀手”的称号，就连鲸这类海洋中的庞然大物碰到鲨鱼时，也只能望而却步，成为它们的腹中餐。然而，这个海洋里的“凶神恶煞”却不得不屈服于一种看起来毫不起眼的比目鱼——豹鳎。

小小的豹鳎真的能战胜“海洋杀手”吗？真是不可思议啊！难道豹鳎有什么绝密武器不成？

豹鳎的身体扁平，呈卵圆形；口小，两眼同在右侧；身体呈黄褐色，由于身上长满豹子一样的斑点，所以称为豹鳎。豹鳎眼侧具淡色不规则圆斑，圆斑内有深色点；尾柄明显，尾鳍呈圆形。

豹鳎主要分布于印度洋—太平洋热带地域，中国台湾南部及北部海域也有分布。它们生活于 2 ~ 40 米深的海域，大多停栖于珊瑚礁外缘的沙地上，能随环境的变化而轻微地改变体色；它们的游泳能力不强，属肉食性鱼类，主要以小型甲壳类为食。

身上有 240 个毒腺

豹鳎的背鳍、腹鳍等部位都具有毒囊，受刺激时会释放出毒液，20 分钟内即可毒死周围的鱼类，连鲨鱼都不是其对手，人类若误食其表皮的黏液也会中毒。经过解剖发现，豹鳎身上共有 240 个毒腺，这些毒腺分布在它们的背鳍和臀鳍基部，每个腺体都有一个小开口，乳状的毒液就是从这里分泌出来的。一旦受到威胁，豹鳎能在敌人咬它们之前，迅速分泌出致命的毒液。

豹鳎的这种乳状毒液还会四处散发，形成10多厘米厚的防护圈，环绕于身体周围，毒液的效果可以维持28小时以上。科学家还发现，这种毒液即使稀释5000倍，也足以使软体动物、海胆、海星和小鱼在几分钟内死亡。倘若把0.2毫升的毒液注射到老鼠体内，老鼠先是痛苦地抽搐着，两分钟后，就会一命呜呼。其毒性由此可见一斑。

LINK

生物学家为了试验豹鳎的防鲨性能，曾把一条豹鳎放进养有两条长鳍真鲨的水池中。其中一条立即猛冲过来，张开血盆大口准备去咬豹鳎。这时，却见它使劲地摇着头，扭动着身体，样子痛苦万分。原来，豹鳎在即将被真鲨咬噬的紧要关头，迅速分泌出乳白色的毒液，真鲨被毒液麻痹了，张着大嘴无法闭上。

田地里的运动健将

青蛙

至今，在全世界依然流行着一种最古老的泳姿：人体俯卧水面，两臂在胸前对称向侧划水，两腿对称屈伸蹬水、夹水。对，这就是蛙泳，它是一种模仿青蛙游泳的游泳姿势。采用蛙泳姿势时，游泳者可以很容易地观察到前方是否有障碍物，避免撞上障碍物。蛙泳较省力，易持久，实用性强，常用于渔猎、泅渡、救护、水上搬运等。

● 青蛙有着一双圆而凸出的眼睛。

人类什么要模仿青蛙游泳呢？难道青蛙是游泳高手？不错，青蛙不但是名副其实的运动健将，而且还是捕虫高手、伪装高手呢，我们可不能小看它们哦！

青蛙是两栖纲无尾目动物，平时栖息在稻田、池塘、水沟或河流沿岸的草丛中，有时也潜伏在水里，一般在夜晚捕食，属杂食性动物。

青蛙成体基本无尾，卵产于水中，体外受精，孵化成蝌蚪，用腮呼吸，经过变态，成体后主要用肺呼吸，兼用皮肤呼吸。青蛙头部呈三角形，颈部不明显，无肋骨。其前肢的尺骨与桡骨愈合，后肢的胫骨与腓骨愈合，因此爪不能灵活转动，但四肢肌肉发达。除了肚皮是白色的以外，头部、背部均为黄绿色，并带有黑褐色的斑纹。

● 青蛙是保护庄稼的益虫，有“捕虫能手”的称号。

运动健将

青蛙的眼睛鼓鼓的，头部呈三角形，爬行动作迟缓，也许你会以为它们有点傻乎乎的。可是，一旦有人走近，或者要捕捉它们，它们就会猛地一跳，急速地跳到池塘里浓密的草丛中，速度极快。这一跳，足足有它们体长的20倍距离呢！一旦进入水中，它们就会以最标准的蛙泳姿势，迅速向对岸游过去。

捉虫高手

青蛙是捕捉害虫的能手。青蛙捉害虫全靠它那又长又宽的舌头，舌根长在口腔的前面，舌尖向后，有分叉，舌上有许多黏液。只要有小飞虫从身边飞过，青蛙总会猛地往上一跳，张开大嘴，快速地伸出长长的舌头，一下子把害虫卷住吃掉。青蛙的眼睛看静止的东西迟钝，但是看运动的东西却极其敏锐。

伪装高手

青蛙除了肚皮是白色的以外，头部、背部都是黄绿色的，上面还有些黑褐色的斑纹，有的背上还有三道白印。青蛙为什么呈绿色呢？原来它的“绿衣裳”是一件很好的“伪装服”，有了这件绿衣裳，它在草丛中几乎和青草的颜色一样，可以保护自己不被敌人发现。

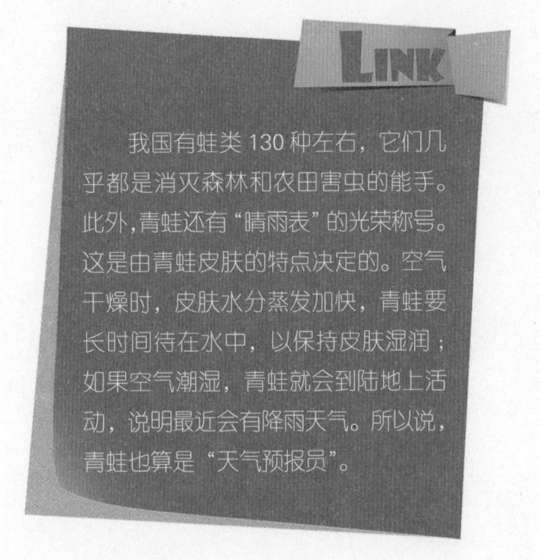

歌唱家

青蛙的发音器官是声带，有些雄性青蛙还有外声囊，外声囊能与声带发出的声音产生共鸣，使声音变大，异常洪亮。

夏天，青蛙一般都躲在草丛里，偶尔叫几声，时间也很短。如果有一只叫，旁边的也会随着叫几声，好像在对歌似的。青蛙叫得最欢的时候，是在大雨过后。每当这时，池塘边，田野里，草丛中，森林里，甚至是乡村的院子里，都会有数不清的青蛙“呱呱——呱呱”地叫个不停，那声音在雨后的清新空气中格外清脆、悦耳、嘹亮，此起彼伏，几里外都能听到，像是一支气势磅礴的交响乐，激情高唱丰收歌！

飞檐走壁的高手……壁虎

天色渐渐亮了，灼热的空气开始变得凉爽起来，小壁虎趴在向日葵叶子的背面，感觉舒服多了。慢慢地，周围的景物越来越清楚了，它的不安也渐渐消失了。它已经出来一整夜了，现在已经是白天了。天知道，它可是白天从不出门的，它的眼睛受不了这么强的光线。可是怎么办呢？它的尾巴断了，现在，它是个残废，一定少不了被别人嘲笑，它可不愿意回家！

小壁虎，你其实根本不用担心，你的尾巴会慢慢长出来的。你是有“超能力”的动物哦，而且，你的“超能力”还不止这些呢。

在树干中爬行的豹子壁虎。

壁虎是蜥蜴亚目壁虎科中所有蜥蜴的通称，这是一类可爱的爬行动物。壁虎有很多别称，如守宫、蝎虎、麻蛇子等。壁虎家族非常庞大，有 750 多类成员呢！

壁虎的头大，呈扁平的三角形；眼大而凸出，怕强光刺激，瞳孔经常闭合成一条垂直的狭缝；身体扁平，四肢很短，尾巴近乎占了体长的一半，尾巴圆且长，有 6 ~ 7 条白色环纹；皮肤柔软，身上排列着粒鳞或杂有疣鳞，体色多为暗黄灰色，带灰、褐、浊白色斑，也有绿色等；体长通常为 3 ~ 15 厘米，能适应由沙漠至丛林的不同栖息地，许多种类甚至常到人的住所活动。大部分壁虎为夜行性的，也有日行性的,但数量很少。壁虎多以蚊、蝇、飞蛾等昆虫为食,平均寿命 5 ~ 10 年。

尾巴断了还能再生

壁虎的尾椎骨中有一个光滑的关节面，把前后尾椎骨连接起来。这个地方的肌肉、皮肤、鳞片都比较薄而松懈，所以当壁虎遇到敌人攻击的时候，这个部

壁虎家族庞大、数量众多，白眉守宫便是其中的一种。

分的肌肉就会剧烈地收缩，使尾巴断落。刚断落的尾巴由于神经没有死，会不停地动弹，这样就可以迷惑、吓唬敌人，而壁虎则可以借此时机逃之夭夭。

尾巴断了以后，创面很快就会愈合，形成一个尾芽基，经过一段细胞分裂增长后，一条崭新的再生尾就长成了。与原来的尾巴相比，再生尾显得短而粗，而且没有白色环纹。

这条再生尾会让壁虎在同类中的地位大跌，尤其是在求偶的时候，所以故事中的小壁虎如此伤心也就在所难免了。

会飞檐走壁的壁虎

壁虎爬行的时候头部会离开地面，身体后部会随着四肢左右交互地扭动前进，动作十分敏捷。壁虎不仅能够在光滑的墙面上爬行，甚至能够在玻璃上、天花板上来去自如。

原本人们普遍认为壁虎的这种超能力是因为它的脚下有吸附能力极强的吸盘，但其实不然。壁虎趾端膨大的足垫并不是吸盘，而是在足垫和脚趾下的鳞上密布着上百万根一排一排的成束的微绒毛（即蜷曲脚趾）。微绒毛顶端又分支出成千上万根纳米级的超细刚毛，它们如同一只只弯弯的小钩，与墙壁、玻璃等内部微细的结构形成极强的作用力，“飞檐走壁”的超能力也就因此而形成了。

会叫的爬行动物

在爬行动物里，会鸣叫的种类非常少，壁虎便是其中的一类。它们的叫声由微弱的“嘀嗒”声、“唧唧”声到尖锐的“咯咯”声，甚至是类似犬吠声，因种类的不同而差异较大。

会“飞檐走壁”的壁虎。

LINK

世界上最小的爬行动物

世界上最小的壁虎是一种名叫雅拉瓜壁虎的小壁虎，其体长只有1.6厘米，是已知的2.3万种爬行动物、鸟类和哺乳动物中体形最小的。

伪装高手……变色龙

变色龙无论爬到哪儿，身体都会随着周围环境颜色的改变而发生变化。孔雀看到后便展开屏，露出美丽的羽毛炫耀说："你这么变来变去的，累不累呀？告诉你吧，保持本色才是最美的。"这时，从树后蹿出一只狐狸，一口咬断了孔雀的脖子，一会儿工夫便将其吞入腹中。变色龙悄悄爬到狐狸够不着的地方，流着泪说："可怜的孔雀，我还没来得及告诉你，在你没有变得强大之前，最好和周围的环境保持一致。"

小小的变色龙，虽然每天都过着伪装的生活，却给自己带来了有利的生存环境，甚至在关键时刻靠着这一本领挽救了自己宝贵的生命。

变色龙，学名避役，属蜥蜴亚目避役科爬虫类，主要分布在非洲地区，少数分布在亚洲和欧洲南部。

变色龙体长多为 15 ~ 25 厘米，最长者可达 60 厘米；身体呈长筒状，两侧扁平；头呈三角形，尾常卷曲；眼凸出，两眼可独立地转动；每 2 ~ 3 趾并合为两组对趾、端生牙，舌细长可伸展。变色龙为树栖动物，主要以昆虫为食，一些大型品种亦食鸟类。变色龙多为卵生，通常在地上产卵 2 ~ 40 枚，并将卵埋在土里或腐烂的木头里，孵化期约 3 个月。南非有几个品种的变色龙是卵胎生。

变色秘密

变色龙善于随环境的变化随时改变自己身体的颜色，这取决于其皮肤里的 3 层色素细胞。在这些色素细胞中充满着不同颜色的色素：最深一层细胞带有的黑色素可与上一层细胞相互交融，中间层主要调控暗蓝色素，最外层则主要是黄色素和红色素。

变色龙变色的这种生理变化，是在植物性神经系统的控制下，通过皮肤里含有的色素细胞的扩散或收缩完成的。许多变色龙能变成绿色、黄色、米色或深棕色，常带浅色或深色斑点。

变色龙的原产地是非洲，依据它们的生活习性，饲养者最好用放有树枝的饲养箱给变色龙安个小家。同时，要尽量保证有自然日光，理想条件是每天日照 30 分钟。

LINK

伪装目的

为了逃避天敌的侵犯和接近自己的猎物，变色龙常在不经意间改变自己身体的颜色，然后一动不动地将自己融入周围的环境之中。

变色龙的变色既有利于隐藏自己，又有利于捕捉猎物，同时也是它们之间传情达意的一种信号，类似于人类的语言。

变色龙的皮肤会随着背景、温度的变化和心情而改变。雄性变色龙会将暗黑的保护色变成明亮的颜色，以警告其他变色龙离开自己的领地；有些变色龙还会将平静时的绿色变成红色来威吓敌人。同时，变色龙在拒绝求偶者时，也会表现出不同的体色；如遇到喜欢的同伴，则会变成和同伴一样的颜色。

冷血动物

变色龙是一种冷血动物，因此在饲养过程中与热带鱼有相似之处：温度条件要求较高。通常日间温度应保持在 28℃ ~ 32℃，夜间温度可保持在 22℃ ~ 26℃。如果长期处于低温状态，变色龙会食欲降低，生长减缓，甚至健康也会受到影响。

人见人畏……毒蛇

农夫和儿子去山上砍柴，不料，儿子被毒蛇咬了一口，不幸身亡。毒蛇虽被砍断了尾巴，但还是侥幸逃跑了，愤怒的农夫发誓一定要为儿子报仇。于是，他带着食物来到蛇洞前，假意说道："让我们彼此忘记和宽恕吧，我听老人说你们虽然有毒，但一般不会轻易伤害人，只有过分靠近或无意中踩到你们的身子时，你们才会咬人。让我们成为朋友吧，毒蛇先生，快出来吃我给你带来的食物吧。"毒蛇听了农夫的话，放松了警惕，但等它将头伸出洞口的那一刻，迎接它的却是农夫的砍刀。

在毒蛇咽气的时刻，它才终于明白：农夫永远不可能忘记儿子的死，它也不应该忘记自己失去尾巴的痛。伤害也许可以被宽恕，却不能被忘记。

毒蛇是指能分泌出特殊毒液的蛇类，其毒液通常从尖牙射出，用来麻痹敌人。我国的毒蛇有 40 余种，多分布于长江以南的广大省份。

毒蛇头部多为三角形，有毒腺，能分泌毒液。毒蛇咬人或动物时，毒液从毒牙流出，使被咬的人或动物中毒。人们一般认为毒蛇有毒，然而毒蛇的毒液只有在血液中才能发挥毒性，如果毒液不与血液结合，就不会对人体造成伤害。被蛇咬伤引起中毒的严重程度取决于蛇的大小和种类，注入蛇毒的数量，伤口的数目，咬伤的部位和深度，以及被咬者的年龄、体重和健康状况，从咬伤到开始治疗之间的时间和被咬者对蛇毒的易感性等。

毒蛇一般不主动攻击人

毒蛇怕人，受惊后会迅速逃跑，一般不会主动攻击人。大多时候是由于我们没有发现它而过分逼近或无意中踩到蛇体时，它才咬人。

因此，在适于毒蛇活动的环境中行走时，要提高警惕，并做适当的防护，这样就可避免许多蛇伤事故。

如何避免被毒蛇咬伤

1. 郊游时要避开人迹罕至的草丛、密林等地，可带上登山杖或树枝，边走边拨草丛。另外，最好穿长裤，并扎紧裤口，防止蛇的攻击。

2. 雨后的清晨或傍晚，不要在有毒蛇活动的环境中行走。尤其是洪水过后的几天内，不宜进入山里，因为此时是毒蛇活动最频繁的时间段。

3. 最好不要在草丛里休息。露营时，在帐篷周围撒雄黄、石灰粉或用水浸湿了的烟叶，然后将帐篷拉链完全拉合。

4. 在翻转石块、采摘野果前要小心观察，仔细敲打，这是因为一些蛇类经常栖息于树上，其身体颜色多与树干相近，稍一疏忽，就会被它们咬伤。

5. 遇见毒蛇要保持冷静，不要突然移动或奔跑，应缓慢地绕行或退后，没有十足把握千万不要发起攻击。一旦被蛇追逐，不要直线奔跑，要跑出“之”字形路线。

6. 蛇讨厌风油精的味道，到野外远足时最好带上一些。另外，治疗面较广的蛇伤药也要带上一些。

有剧毒的响尾蛇。

地球上的活化石 ······ 扬子鳄

"爸爸，鳄鱼真丑啊，我很讨厌它们！"正在看电视的小雷突然对爸爸说道，"它们会吃人吗？我一看到它们张着血盆大口，嘴里那密布的尖利牙齿，心里就发怵！"爸爸听了笑着说道："呵呵，你怕啦？鳄鱼是长得丑了点，看着是很凶猛，但其实性情还是比较温顺的。扬子鳄已经在地球上存在了约两亿年，在古老的中生代，它们曾经和恐龙一样称霸地球，堪称地球上的"活化石"呢。

扬子鳄？我还没见过呢。小朋友们，你们见过吗？

扬子鳄属鳄科，爬行纲，又称鼍龙、猪婆龙、中华鼍、土龙，是中国特有的一种鳄鱼，主要分布于长江中下游地区及太湖流域。

扬子鳄是世界上体形最小的鳄鱼品种之一，体长通常在 1.5 米左右，很少有超过 2.1 米的，体重约为 36 千克；头大且扁，嘴长，外鼻孔位于嘴端；全身背面为灰褐色，腹部为灰色；全身皮肤革质化，且覆盖革质甲片；常在江湖、池塘边上掘穴而居；在陆地上可短暂奔跑，常以螺、蛙、蟹、鱼及鼠、鸟类等为食；一次产卵约 30 枚；寿命通常为 60 ~ 80 年。

活化石

两亿年前，地球曾是爬行动物的天下，后来由于环境的改变，导致恐龙等大型爬行动物灭绝了，而只有扬子鳄却一直坚强地生存到现在。

扬子鳄起源于中生代，距今约有 2.7 亿年，与恐龙是近亲，因此，我们还可以从扬子鳄身上找到恐龙等爬行动物的某些特征，人们也常用扬子鳄去推断恐龙的生活习性，扬子鳄对研究古代爬行动物的兴衰，研究古地质学以及生物的进化也具有很重要的意义，因而被称为“活化石”。

LINK

我国安徽省宣城建有世界上唯一的扬子鳄保护区——安徽扬子鳄国家级自然保护区。保护区面积 44300 公顷，1975 年建立省级自然保护区，1986 年升为国家级自然保护区，主要保护对象为扬子鳄及其生态环境。

打洞高手

扬子鳄的四肢短而有力，是有名的打洞高手，而且它们的前肢有五指，指间无蹼；后肢有四趾，趾间有蹼。这些结构特点让它既可在水中也可在陆地生活。

扬子鳄的洞穴有的在滩地的芦苇、竹林丛生之处，有的在池沼底部，地面上常设有入口、通气口，而且还有适应各种水位高度的侧洞口，洞穴纵横交错，就像一座地下迷宫。也许正是这种特殊的洞穴使它们渡过了严寒的大冰期和寒冷的冬天，同时也帮助它们逃避了敌害而幸存下来。

自卫和攻击武器

扬子鳄的尾巴和身体长度相近。当遇到敌害或捕捉较大的猎物时，它们就会用大尾巴猛烈横扫。此外，这条大尾巴在水中还能起到推动身体向前的作用。

百鸟之王 ●●●●●● 孔雀

6岁的文文在看《动物世界》时，听到“只有雄孔雀才会开屏”的介绍后，就迫不及待地问爸爸：“为什么只有雄孔雀才会开屏？”爸爸回答道：“雄孔雀开屏既表示对雌孔雀的爱意，也是为了保护自己。”“那孔雀羽毛上为什么还有那么多‘眼睛’啊？好吓人。而且我听身边的小朋友说，孔雀只爱炫耀自己的美丽，爱慕虚荣，其实本身是没有多大价值的。爸爸，这是真的吗？”文文穷追不舍地问道。

亲爱的文文，其实孔雀并不像我们想象的那样。它们有自己的看家本领，而且有很高的观赏价值、经济价值，甚至全身都是宝，它们中的绿孔雀还是国家一级保护动物呢！

孔雀属鸡形目，雉科，又名越鸟，是东南亚、东印度群岛和南亚印度产的一种大型的陆栖雉类，有绿孔雀、蓝孔雀、黑孔雀和白孔雀4个种类，在中国仅见于云南和西藏东南部。

孔雀头上有羽冠。雄鸟颈部羽毛呈绿色或蓝色，多带有金属光泽，尾羽延长成巨大尾屏，上具五色金翠钱纹，开屏时如彩扇，尤为艳丽。雌鸟无尾屏，羽色亦较差。孔雀双翼不太发达，飞行速度慢而且显得笨拙。孔雀虽原产于湿热地区，但冬季也能在北方生存；绿孔雀则经受不了太冷的气候。孔雀作为观赏鸟类，是世界上许多动物园的主要展出动物。

孔雀开屏

绿孔雀因其能开屏而闻名于世。雄性绿孔雀羽毛翠绿，绚丽多彩，羽枝细长，犹如金绿色丝绒，其末端还具有众多由紫、蓝、黄、红等颜色构成的大型眼状斑，下背闪耀紫铜色光泽。它的尾上覆羽特别发达，平时收拢在身后，展开时长约1米。

孔雀开屏类似鸟类的求偶表现。每年四五月生殖季节到来时，雄孔雀常将尾羽高高竖起，宽宽地展开，绚丽夺目。雌孔雀则根据雄孔雀羽屏的艳丽程度来选择交配对象。

其实，孔雀在遇到敌害而来不及躲避时，也会突然开屏，尾巴发出“沙沙”响声，很多眼状斑也随之乱动起来，敌人畏惧这种“多眼怪兽”，也就不敢贸然前进了。

百鸟之王

孔雀被视为百鸟之王，是吉祥、善良、美丽、华贵的象征。孔雀有特殊的观赏价值，羽毛被用来制作各种工艺品或装饰品。

蓝孔雀是目前养殖最多的孔雀品种。在国家批准养殖孔雀后，全国各地都出现了孔雀苗的养殖，有效地减少了对孔雀的恶意虐杀，同时还满足了人们对珍禽野味的需求。孔雀全身都是宝。人工饲养的蓝孔雀的肉具有高蛋白、低能量、低脂肪、低胆固醇，可作为高档珍馐佳肴。

孔雀中的“白天使”

白孔雀是印度孔雀的变异品种，其全身洁白无瑕，羽毛无杂色,眼睛呈淡红色。开屏时，白孔雀就像一个美丽端庄的少女穿着一件雪白高贵的婚纱，左右摆动，翩翩起舞，非常美丽。

无与伦比的白孔雀。

滋补佳品……鸡

一个炎热的午后，一群鸡被烈日晒得直喘粗气，这时它们看见有只鸭子悠闲地在水里游着。不知谁说了一句要去游泳，大家都争先恐后地响应。当它们刚进入池塘的时候，由于羽毛没被浸湿，还能游动。然而没过多久，它们的身体逐渐往下沉。眼看大家都快没命的时候，那只鸭子迅速地游了过来，把它们一个个拖到了岸边。那只搭救它们的鸭子由于累得一直缓不过劲儿来，早晨总是不能按时起床，于是鸡们商量后决定，由公鸡们每天定点打鸣叫鸭子起床。

鸡也懂得知恩图报啊！

鸡，源于野生的原鸡，至少已有4000年的驯化历史，是人类饲养最普遍的禽类。鸡的种类很多，大小形色各有不同，主要有火鸡、乌鸡、野鸡等。

鸡虽属家禽，但仍保留有鸟类的某些生物特点，也能短暂飞行，习惯四处觅食，不停地活动。它们的听觉、视觉都较灵敏，食性广泛，能借助沙粒磨碎食物。公鸡眼圆，采食快，母鸡头相对较小，采食缓慢。一只母鸡平均每年产蛋100 ~ 300枚不等，孵化期为20 ~ 22天。鸡的寿命约为20年，在饲养环境中一般为13年左右。

是先有鸡还是先有蛋，我不知道，你不知道，只有鸡知道。

公鸡为何要打鸣

清晨，公鸡的第一声鸣叫打破了黎明的宁静，接着邻近的其他公鸡也开始打鸣。

一般在白天，公鸡大约每隔 1 小时打鸣 1 次，夜里大都会安心睡觉。鸡的大脑里有一种被称作松果体的物质，它能分泌一种褪黑素。当光线射入它们的眼睛时，褪黑素的分泌受到抑制，公鸡便会情不自禁地打鸣。

LINK

我国鸡文化的历史源远流长，内容丰富多彩。每逢春节，许多人家都要购买图案为鸡的剪纸，以示新的一年吉祥如意；我们赞美鸡，主要是赞美它的武勇和守时守信的品德。此外，我国还发行了以“金鸡报晓”为主图的纪念邮票。

鸡的营养价值

鸡的营养价值极高。鸡肉富含蛋白质、维生素和微量元素等，脂肪中含不饱和脂肪酸，是老年人和心血管疾病患者较好的补益食品。体质虚弱、病后和产后进补鸡肉或鸡汤有较好的效果。乌鸡的营养价值更高。

鸡屁股是淋巴集中的地方，也是储存病菌、病毒和致癌物的地方，所以不能食用。除了鸡屁股之外，鸡的全身都可食用。但要注意，鸡为发物，多食会引发旧病，助温生热，因此，进食鸡肉也应该有度。

暑假到了，鸵鸟和斑马决定一起到草原上去旅行。一路上，斑马都在絮絮叨叨："我的斑纹可是非常好的隐藏绝技，你放心地跟我走就是了，我会保护你的。"突然，远处传来了一阵急促的奔跑声，斑马慌乱地四处张望，而鸵鸟却急忙将头和脖子都埋在地下，但原来只是虚惊一场。什么也没有看到的斑马忍不住嘲笑起鸵鸟来："胆小鬼，还没发生什么呢，就把你吓成这样了。哈哈……"鸵鸟一听顿时生气了，但也没跟斑马辩解，独自一人走了……

鸵鸟为什么生气？难道它真的是胆小鬼吗？小朋友，你们知道缘由吗？

鸵鸟，是非洲的一种鸟类，也是世界上现存最大的鸟，常在沙漠荒原中生活，主要以草、叶、种子、花果等为食，也吃蜥蜴、蛇、幼鸟、小型哺乳动物和一些昆虫等，属于杂食性动物。

鸵鸟体形巨大，体高1.75～2.75米，体重60～160千克，因两翼退化而不会飞翔，但奔跑速度极快，脖子细长，头较小，嘴巴扁平，腿长且有力，雌鸟大多为灰褐色，雄鸟身上有白色羽毛。鸵鸟为群居动物，通常5～50只为一群，嗅觉和听觉都很灵敏，通常与草食性动物相伴。鸵鸟的寿命通常为30～40年。

采食能手

为了能采集沙漠中稀少、分散的食物，鸵鸟会非常讲究效率，这些都要归功于它们开阔的步伐、长而灵活的脖颈以及啄食的准确度。

鸵鸟啄食时，通常先将食物聚集于食道上方，形成一个食球后，再缓慢地将其吞下。由于它们啄食时必须将头部低下，很容易遭受掠食者的攻击，故觅食时要不停地抬起头来四处张望。

细长的脖颈、大大的眼睛、扁扁的嘴巴，让鸵鸟看起来非常可爱。

鸵鸟是现今世界上最大的鸟。

巧妙躲避危险

鸵鸟经常会遭受敌人的攻击，当受到攻击时它们会用强有力的长腿逃避敌人，受惊时奔跑速度可达每小时 70 千米。

当来不及逃跑时，鸵鸟就干脆将脖子平贴在地面，身体蜷曲一团，以自己暗褐色的羽毛伪装成石头或灌木丛，加上周围环境的掩护，就很难被敌人发现。

此外，鸵鸟将头和脖子贴近地面，还有两个作用，一是能听到远处的声音，有利于及早避开危险；二是能放松颈部的肌肉，以便更好地消除疲劳。

把脑袋扎在地下听声音的鸵鸟。

你知道哪一个是鸵鸟蛋吗？
对啦，就是图中最大的乳白色的那一个！

世界上最大的蛋

鸵鸟蛋的颜色与鸭蛋相似，长 15 ~ 20 厘米，重量可达 1.4 千克。一枚鸵鸟蛋，相当于 30 枚鸡蛋，是目前世界上最大的蛋，可供多人享用。鸵鸟蛋的蛋壳厚而坚硬，完整的鸵鸟蛋足以承受 90 千克的重量。

鸵鸟蛋不但营养价值极高，而且口感滑嫩，易于被人体吸收。此外，蛋壳还能作为工艺品的天然材质，用于雕刻或绘制成各种精巧、高贵的装饰摆设工艺品。

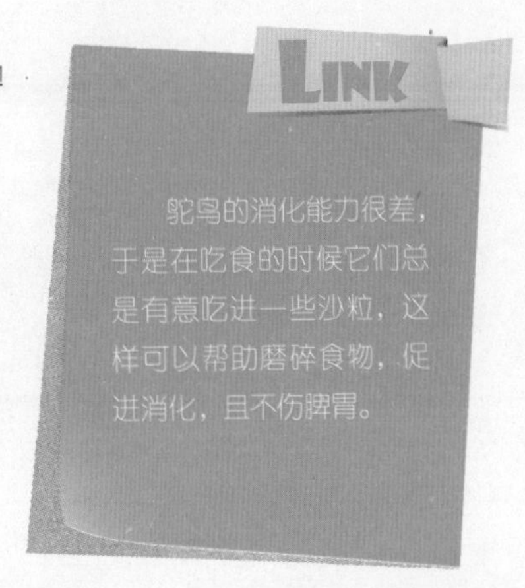

爱是一辈子的守护 ······· 天鹅

天气越来越冷，北风越刮越烈，生活在天山沼泽地带的天鹅们又要启程了，它们要飞往南方过冬。"爸爸，看啊，有一对天鹅又飞回来了！"站在一旁的女儿忽然喊着。爸爸抬头一看，果真看见有两只天鹅先后离开了队伍，又回到了这片沼泽地。女儿和爸爸都在想，它们为什么要停下来呢，这里的冬天可是非常冷的。父女俩走近一看，顿时明白了：原来是其中一只天鹅翅膀受了伤，另外一只为了陪伴对方而选择留下来。

为了爱，天鹅甘愿忍受寒冷甚至牺牲自己的生命，真是令人敬佩啊！在动物界里，天鹅大多数遵循"一夫一妻"制，而且相伴终生。

天鹅是一种天鹅属的游禽鸟类，有 7 种，全球除非洲和南极洲之外，其他各地均有分布。它们喜欢群栖在湖泊和沼泽地带，主要以水生植物为食，也吃螺类和软体动物。

天鹅体形较大，颈修长；嘴部高而前端缓平，眼裸露在外；尾短而圆，尾羽有 20 ~ 24 枚；蹼强大，但后趾不具瓣蹼；在水中滑行时神态庄重，飞翔时长颈前伸，并缓慢扇动双翅；迁飞时在空中以斜"一"字形或"V"字形队列前进。天鹅大多遵循"一夫一妻"制，相伴终生。它们一年繁殖一次，寿命大约为 20 年。

终身伴侣制

天鹅是保持“终身伴侣制”的少数动物之一。无论是取食还是休息，它们总是成双成对。当雌天鹅产卵时，雄天鹅通常会守卫在身边；当遇到敌害时，雄天鹅也总是勇敢地抵抗，誓死保护身边的伴侣。

令人感动的是，如果其中一只天鹅死亡，另一只会为伴侣守节，从此孤单地过完下半生。

爱的讯息

天鹅的示爱行为比较丰富，它们一般会以喙相碰或把彼此的头靠在一起，甚至还会很体贴地梳理对方的羽毛。

天鹅每窝产卵大约 6 枚。幼雏在出壳几小时后就能奔跑和游泳。雌雄天鹅对后代十分负责，不但会精心照顾幼雏数月，而且还会坚决保卫自己的爱巢和幼雏，勇敢地同狐狸等来犯之敌进行殊死搏斗。

飞高冠军

天鹅是游禽类的飞高冠军，它们飞行的最高纪录可达 9 千米，甚至能飞越世界最高山峰——珠穆朗玛峰。

LINK

天鹅在我国古代又被称为鹄、白鸿鹤、黄鹄，我国的许多地名中仍包含有这些词语，例如鹄岭、鹄泽等，至今有些地方依旧是天鹅等雁形目鸟类迁徙的重要通道。

海上预报员……海鸥

有一天，有个小女孩和母亲面向着大海在沙滩上坐着，这时女孩把自己的心事告诉了母亲，原来小女孩由于考试不理想心里很难过。母亲指着前面对她说："你看那些在海边争食的鸟儿，每当海浪打来的时候，小灰雀们总能迅速地飞起，它们拍几下翅膀就飞上了天空，而海鸥却显得非常笨拙，从沙滩飞上天空总要很长时间，然而，真正能飞越大海，横跨大洋的却是海鸥。""妈妈，是真的吗？""当然是真的啊，傻孩子，而且海鸥还是航行者的得力助手呢。"

海鸥，一种看似很平凡的海鸟，竟然有这么好的本领，我们还真不知道呢！

海鸥是一种常见的海鸟，分布于欧洲、亚洲及北美洲西部。在我国东北、华东及华南等沿海和内陆湖泊也常常能见到它们的踪影。

海鸥的体形在海鸟中属中等，身长约 45 厘米，体重 0.3 ～ 0.5 千克；头和颈为白色，背和肩为苍灰色，腰、尾上覆羽和尾羽则为纯白色；常成群在水面上游泳、觅食和飞翔，喜欢群集于食物丰盛的海域；常以鱼、虾、蟹、贝类为食，繁殖期为 4 ～ 8 月，每次产卵 2 ～ 3 枚，寿命通常为 24 年。

海上预报员

船只在海上航行时若不熟悉水域环境或遭遇突发的天气变化，就容易发生触礁、搁浅甚至海难事故，这时海鸥的飞行踪迹可以给航海员带来一些有效讯息。海鸥常驻留在浅滩、岩石和暗礁周围，这提醒航海员要注意避免触礁；此外，海鸥还经常沿港口飞行，当遇到大雾天气或迷航时，可以通过观察它们的飞行方向来判断港口的位置。

同时，海鸥还会给航海出行的人们带来及时的天气预测。当它们贴近海面飞行时，则表示未来的天气将会晴朗；当它们沿着海边徘徊时，

则表示天气将变坏；而当暴风雨即将来临之时，海鸥通常会离开水面飞往高处，并成群结队地从远处飞向海边，或聚集在沙滩上和岩缝里。

海港清洁工

海鸥是港口、码头、海湾和轮船周围的常客，这是因为它们除了以鱼、虾、蟹、贝类为食外，还爱拣食被人们抛弃的残羹剩饭。因此海鸥还被称为“海港清洁工”。

LINK

唐诗中有“众鸟集荣柯”这样的诗句，海鸥就属于喜欢群集于食物丰盛的海域的鸟类。因此，有大群海鸥出现的地方，该水域也必然充满着蓬勃的生命力。

身着“超级羽绒衣”……企鹅

爱开玩笑的小天说的是真的吗？企鹅真的是因为胳膊短、搓澡搓不到后背才使后背呈黑色的吗？它们身上真有神奇的“羽绒衣”吗？

有一天，小明问他的好朋友小天：“企鹅为什么肚皮是白的，后背是黑的呀？”小天说：“因为它们的胳膊太短了，搓澡只能搓前面。”“小天，那你知道企鹅为什么不怕冷吗？”“这还用问，它们身上穿了一身特制的‘超级羽绒衣’，这个可是真的哦，我之前在书上看到过呢！”

企鹅是一种海洋鸟类，分布范围从南非至南美洲西部岩岛及南极洲沿岸，全球共有 18 种。

企鹅不能飞翔，身体呈流线型；背部通体为黑色，腹部为白色；脚位于身体最下部，趾间有蹼；全身覆盖又短又硬的鳞形羽毛；骨骼沉重，因种类的不同头部色型和个体大小略有差异。它们主要以南极磷虾为食，偶尔也捕食一些乌贼或小鱼类，常以众多数目的族群出现，占南极地区海鸟总量的 85%。企鹅是一种非常可爱的动物，寿命较长，通常为 20 ~ 30 年。

身着“超级羽绒衣”

企鹅是世界上最不怕冷的鸟，在 -60℃的冰天雪地中，仍能自由快活地活动。这是为什么呢？

原来，企鹅的羽毛密度不但比同体形的鸟类大 3 ~ 4 倍，而且在羽毛之间还留有一层空气膜，可以起到保温的作用。此外，它们在暴风雪的环境中已经顽强生存了数千万年，全身的羽毛已变成紧密重叠的鳞片状。有了这件特殊的“羽绒衣”，它们不仅不会被海水浸透，而且还能抵挡 -94.5℃的低温。

企鹅雪白的肚子像好吃的奶油雪糕。

企鹅个个都是跳水高手，而且，它们的游泳速度也十分惊人呢。

潜水能手

企鹅虽然不会飞，但特别擅长游泳，还有“游泳健将”、“跳水高手”和“潜水能手”的美誉呢。

企鹅的游泳速度非常惊人，可达每小时20～30千米，不但超过了巨轮的航行速度，就是速度最快的捕鲸船也赶不上它们。同时，企鹅的跳水本领堪称绝美无比。它们能以优美的动作跳出海面2米多高，还能从冰山或冰上腾空而起跃入水中，潜到海底。

最可爱的动物之一

企鹅憨厚大方，十分惹人喜爱。虽然它们外表看上去道貌岸然，似乎有点清高，甚至让人觉得盛气凌人，但只要一靠近，它们就会给人另外一种感觉。

原来，这些可爱的企鹅不但不会见人就逃，而且还会装作若无其事，有时还像小姑娘一样羞羞答答，不知所措，甚至东张西望，交头接耳，唧唧喳喳。那种憨厚的表情令人忍俊不禁。

森林医生……啄木鸟

在一片茂密的森林里，住着一只啄木鸟。它很喜欢在绿树之间飞来飞去，也很爱唱歌，那清脆的叫声，使整个森林充满了朝气。渐渐地，它和许多绿树成了好朋友，每棵绿树都因为它的歌声而喜欢上了它。后来，森林里闹了虫灾，绿树们一个个都病快快地耷拉着叶子。这时，啄木鸟对大家宣布："让我来帮大家治病吧！""啄木鸟，你不是只爱唱歌吗？你怎么还会治病啊？"大家不解地问道。

放心吧绿树们，啄木鸟的别称就是"森林医生"哦。你可别以为它们的本领就只有唱歌，其实它们最拿手的本领可是"治病"。

啄木鸟，头大，颈较长；嘴坚硬而直，呈凿形，鼻孔裸露；角舌骨延成环带状，两侧自咽喉绕过枕部至上嘴基。全世界大约有180种啄木鸟，我国各地均有分布。

不同种类的啄木鸟形体大小差别很大，从十几厘米到40多厘米不等。多数啄木鸟为留鸟，少数种类有迁徙的习性，往往独栖或成对活动。大多数啄木鸟终生都在树林中度过，在树干上螺旋式地攀缘，搜寻昆虫。

正在为树木治病的啄木鸟"医生"。

森林益鸟

啄木鸟吃食的害虫主要包括天牛幼虫、囊虫的幼虫、象甲、伪步甲、金龟甲、螟蛾、蟠象、蟥虫卵、蚂蚁等。有的害虫潜藏在树干深处，能把树活生生地咬死。只有啄木鸟才能把它们从树干中掏出来除掉，这对防止森林虫害、发展林业很有益处。

啄木鸟是著名的森林益鸟，除消灭树皮下的害虫以外，其凿木的痕迹还可作为森林卫生采伐的指示剂。

防脑震荡高手

啄木鸟每天敲击树木 500 ~ 600 次，而且啄木的速度极快，头部不可避免地要受到非常剧烈的震动，但它们既不会得脑震荡，也不会头痛。

原来，在啄木鸟的头上至少有 3 层防震装置：它们的头骨结构疏松而充满空气；头骨的内部有一层坚韧的外脑膜，在外脑膜和脑髓之间还有一条狭窄的空隙，里面含有液体，可以起到减低震波的流体传动、消震的作用；同时，它们头部两侧都生有发达而强有力的肌肉，可以起到防震、消震的作用。

跳跃高手

啄木鸟能够在树干和树枝间以惊人的速度敏捷地跳跃。它们能牢牢地站立在垂直的树干上，这与它们脚爪的结构有关。

啄木鸟锐利的脚爪。

啄木鸟的脚爪上有两个足趾朝前，一个朝向一侧，一个朝后，趾尖有锋利的爪子。尾部羽毛坚硬，可以支在树干上，为身体提供额外的支撑。

爱心满满的啄木鸟妈妈正在耐心地给小啄木鸟喂食。

春天，雄啄木鸟会大声鸣叫，并常常啄击空洞的树干，偶尔还敲击金属，从而增加声响，但在其他季节则通常无声无息。

和平的天使······和平鸽

1950 年 11 月，为纪念在华沙召开的世界和平大会，毕加索欣然挥笔画了一只衔着橄榄枝的飞鸽。当时智利的著名诗人聂鲁达把它叫作和平鸽，由此，鸽子被正式公认为和平的象征。

鸽子是和平、友谊、团结、圣洁的象征。国际和平年的徽标就是用稻穗围绕着双手放飞一只鸽子的图案，象征着和平、友谊和五谷丰登。

鸽子也称飞奴、鹁鸽，有野鸽和家鸽两类，人们平常所说的鸽子只是鸽属中的一类，而且是家鸽。地球上的鸽子有 5 个种群，约 250 种。

鸽子是一种晚成鸟，与其他鸟类不同，幼鸽刚出壳时，眼睛不能睁开，体表羽毛稀少，不能行走采食，需经喂养 30 ~ 40 天才可独立生活。鸽子以植物性食物为生，如谷类中的玉米、稻谷、小麦和高粱，豆类中的豌豆、绿豆、蚕豆和杂豆等。鸽子大多是白天活动，晚间归巢栖息。

鸽子作为和平的象征，深受孩子们的喜爱。

再困难也要按时飞回家！

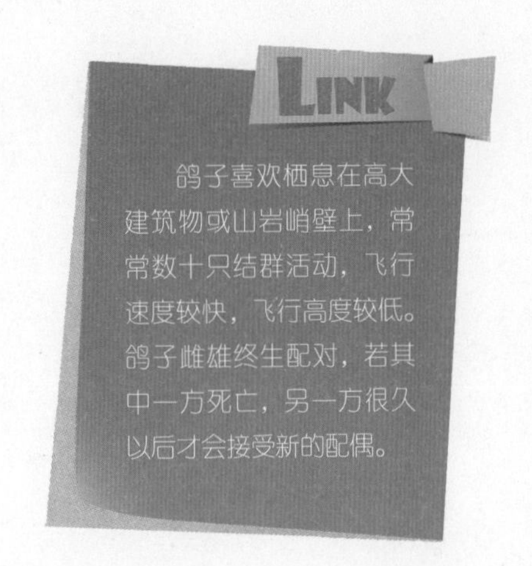

超强的记忆力

鸽子的记忆力很强，对固定的饲料、饲养管理程序、环境条件以及呼叫信号等均能形成一定的习惯，甚至可以产生牢固的条件反射。鸽子对经常照料它的人，也会很快与之亲近，并能熟记不忘。

鸽子可以在 1 天之内从 600 ~ 900 千米之外飞回到家里，这一惊人的能力不是赛鸽所独有的，其实，所有的鸽子都拥有超强返回栖息地的能力。而且，经过训练的信鸽若在傍晚前未赶回栖息地，甚至可在夜间飞行。

高超的警觉性

鸽子反应敏捷，易受惊扰。在日常生活中，鸽子的警觉性较高，对周围的刺激反应十分敏感，如闪光、怪音、移动的物体、异常的颜色等都可引起鸽群骚动或飞扑。因此，在饲养时要注意保持鸽群周围环境的安静，尤其是夜间要注意防止鼠、蛇、猫、狗等动物的侵扰，以免引起鸽群混乱，影响鸽群的正常生活。

喜欢吃石子

鸽子喜欢吃石子，这与它的特殊消化系统有关。鸽子没有牙齿，直接将食物吞入食道，再贮存在肌胃里。它们的胃壁肌肉发达，内壁有角质膜，石子贮存在胃腔内。当食物进入肌胃后，胃壁肌肉收缩，角质膜、石子、食物相互摩擦，把食物磨碎。因此，石子起到了牙齿的作用，所以，鸽子为了消化食物，必须不断地吞食石子。

倒着飞的森林神鸟……蜂鸟

没想到小小的蜂鸟竟有如此大的本领，居然还会倒飞！其实啊，蜂鸟的本领非常多，下面就让我们好好了解一下吧。

在很久以前，蜂鸟家族在蜂鸟国王的带领下成为森林里最强大的家族。国王刚上任就制定了族规：只准前进不准后退，谁退后就咬死谁。有一天，森林发生了一场大火，成群的蜂鸟接到命令后迅速向大火扑去，无数的蜂鸟化成了灰烬。看到前面大批死去的同胞，有一对蜂鸟母女伤心地哭了。"孩子，一会儿妈妈冲进去后，你赶紧逃。"蜂鸟妈妈说道，"听话，好孩子。"蜂鸟妈妈说着就把小蜂鸟往后推了一把，小蜂鸟只好含着眼泪扇动翅膀往后飞了。后来，这只会倒着飞的小蜂鸟在大火熄灭后成了新家族的国王。

蜂鸟是雨燕目蜂鸟科约600种动物的统称，是目前世界上已知最小的鸟类。蜂鸟分布在美洲大陆最炎热的地区，主要在南美和中美。蜂鸟的平均寿命为4～5年，若在人工饲养下，寿命可达10年。

蜂鸟体强，肌肉强健，翅桨片状，较长，而且能敏捷地上下飞、侧飞和倒飞，嘴细长，适于从花中吸蜜。它们的体毛稀疏，外表呈鳞片状，并有金属光泽。雄鸟有各种漂亮的装饰，颈部有虹彩围涎状羽毛，颜色各异。蜂鸟居住的范围较广，在热带雨林、灌木丛林、沼泽地等均有分布。

唯一会倒退飞行的鸟

蜂鸟身体很小，是鸟类中体积最小、质量最轻，也是唯一可以向后飞行的鸟。它们的飞行本领高超，可以倒退飞行、垂直起落以及向左和向右飞行，甚至可以在空中静止4～5分钟，因此有"神鸟"之称。

蜂鸟飞行时，翅膀的振动频率非常高，每秒钟在50次以上。它们能飞到四五千米的高空中，速度可以达到每小时50千米，如果是俯冲的话，时速可以达到100千米，因此人们很难看到它们。

超人的记忆力

尽管蜂鸟的大脑只有米粒大小，但它们的记忆力却相当惊人。蜂鸟不但能记住自己刚刚吃过的食物种类，甚至还能记住自己大约在什么时候吃的东西。

大自然的艺术瑰宝

在所有动物当中，蜂鸟的体态最婀娜、色彩最艳丽，堪称大自然的艺术瑰宝。轻盈、迅疾、优雅、华丽，让这小小的鸟儿显得与众不同，独领风骚。它们身上闪烁着宝石般的光芒，而且从来不让地上的尘土玷污它们的衣裳，因为它们终日在空中飞翔，只有偶尔才会擦过草地。

LINK

蜂鸟的心脏工作量也是非常惊人的，每分钟能跳动500 ~ 600次，大约是人类的8倍，最高纪录甚至达到每分钟1 260次。

长空之王……苍鹰

一只苍鹰在天空中无力地飞翔着，它整整3天没有吃过东西了，已经饿得前胸贴后背。突然，它发现前面不远处有一只离群的幼狼在山坡上觅食。苍鹰顿时兴奋起来，它迅速制定了捕食计划。只见它先飞向远处，假装离开的样子，然后从很远的地方高速低飞过来，贴着地面出现在幼狼的身后。幼狼一下子被惊动了，它拼命逃跑，但一切都为时已晚……

可怜的幼狼就这样成了苍鹰的口中餐。其实，不光是幼狼，草原上的很多小动物都难逃被苍鹰猎捕的命运。

苍鹰，是鹰科鹰属的肉食性猛禽，身形矫健，主要捕食鸽子等鸟类和野兔，也能猎取松鸡和狐等大型猎物。它们活动范围广，常见于整个北半球温带森林及寒带森林。

苍鹰体长60厘米，翼展约1.3米。雄性体重800 ~ 1350克，雌性体重500 ~ 1100克。它们的头顶、枕部和头侧为黑褐色，枕部有白羽尖，眉纹白杂黑纹；背部为棕黑色；胸以下密布灰褐和白色相间横纹；尾方形，灰褐色，有4条宽阔黑色横斑；双翅宽阔，翅下白色，但密布黑褐色横带。在中国东北繁殖的苍鹰4月下旬迁到，5月初配对，8月中旬迁飞，也有部分留鸟。

飞行快而灵活

苍鹰的体重虽然只比中型猛禽轻1/5左右，但速度却要比它们快3倍以上。苍鹰能利用短圆的翅膀和长的尾羽来调节速度和改变方向，或上或下、或高或低地穿行于树丛间，并能加快飞行速度在树林中追捕猎物。它们有时也在林缘开阔地上空飞行或沿直线滑翔，窥视地面动物活动，一旦发现森林中的鼠类、野兔、雉类和其他中小型鸟类，则迅速俯冲，呈直线追击，用利爪抓捕猎物。

敏锐机警

苍鹰白天活动，性机警，善隐藏。通常单独活动，叫声尖锐洪亮，在空中翱翔时两翅水平伸直，或稍稍向上抬起，偶尔亦伴随着两翅的扇动，但除迁徙期间外，很少在空中翱翔，多隐蔽在林中树枝间窥视猎物。

杀伤力极强

苍鹰捕杀猎物时的速度可达每秒22.5米，所以捕食的特点是猛、准、狠、快，具有较大的杀伤力。

凡是见到能够捕捉的动物，苍鹰都要猛扑上去，用一只脚上的利爪刺穿其胸膛，再用另一只脚上的利爪将其腹部剖开，先吃掉鲜嫩的心、肝、肺等内脏部分，再将剩下的部分带回栖息的树上撕裂后啄食。

苍鹰亚成鸟和成鸟。

苍鹰活动范围较广，但活动隐蔽。若见到它们在天空成对翻飞，相互追逐，并不断鸣叫，表明此时配对已完成。

动物界的活雷达 ······ 蝙蝠

蝙蝠到底是什么类型的动物啊，是鸟？是兽？还是都不是？……小朋友们，你知道答案吗？

相传古时太阳的温度很高，地上的动物被烤得难以忍受，纷纷咒骂。太阳听了很生气，一扭头就上天去了，从此天下一片黑暗。于是众动物聚集在一起，商定筹些金银去请太阳出来。当众鸟向蝙蝠筹款时，蝙蝠收起自己的翅膀，说自己不属鸟类而属兽类，不愿捐款；当兽类找到它时，它又拍拍自己的翅膀，说自己属鸟类不属兽类，也不捐款。蝙蝠就这样连骗带赖，最后分文未捐。

具有指南针导航功能的蝙蝠。

蝙蝠是翼手目动物的总称，是唯一一类真正具有飞翔能力的哺乳动物。蝙蝠在世界各地均有分布，其中以热带和亚热带最多。全世界共有 900 多种蝙蝠，我国约有 81 种。

蝙蝠的体形大小差异很大，最大的有 1.5 米，而最小的仅有 15 厘米。它们的脖子短，胸及肩部宽大，胸肌发达，而髋及腿部细长。除翼膜外，蝙蝠全身有毛，腹部色较浅；吻部像啮齿类或狐狸，外耳向前凸出，很大，而且活动非常灵活。蝙蝠的翼是在进化过程中由前肢演化而来的，由其修长的爪子之间相连的皮肤（翼膜）构成。大多数蝙蝠以昆虫为食。

飞行高手

蝙蝠是飞行高手，能够在狭窄的地方非常敏捷地转身。它们虽然没有鸟类那样的羽毛和翅膀，但其前肢十分发达，上臂、前臂、掌骨、指骨都特别长。从指骨末端至肱骨、体侧、后肢及尾巴之间一层柔软而坚韧的薄皮膜形成了蝙蝠独特的飞行器官——翼手。

蝙蝠通常会以这种倒挂的方式睡觉。

活雷达

蝙蝠的口鼻部长着被称作鼻状叶的结构，其周围还有很复杂的特殊皮肤皱褶，这是一种奇特的生物波装置，具有发射生物波的功能，能连续不断地发出高频率生物波。

借助这一系统，蝙蝠能在完全黑暗的环境中飞行和捕捉食物，在大量干扰下运用回声定位，发出生物波信号而不影响正常的活动。如果碰到障碍物或飞舞的昆虫时，这些生物波就能反射回来，然后被它们超凡的大耳郭所接收，它们的大脑会对接收到的信息进行分析，从而进行有效的回避或追捕。

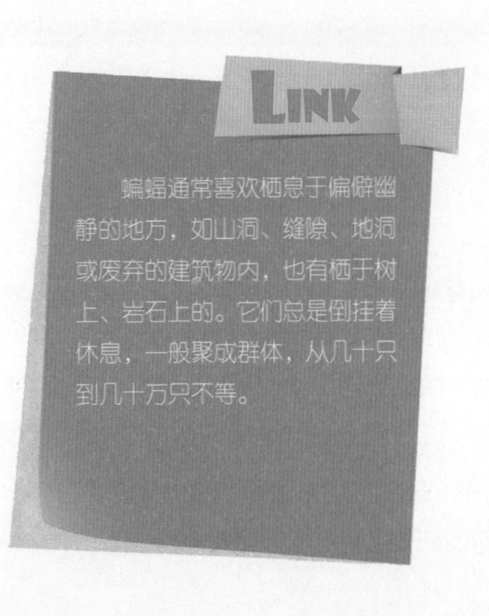

LINK

蝙蝠通常喜欢栖息于偏僻幽静的地方，如山洞、缝隙、地洞或废弃的建筑物内，也有栖于树上、岩石上的。它们总是倒挂着休息，一般聚成群体，从几十只到几十万只不等。

蝙蝠的种类很多，下图是著名的柯氏大耳蝙蝠，超大的耳朵非常有趣。

浑身是刺……豪猪

你知道那个小家伙是谁吗？它说话的口气好大呀！小朋友，你能告诉我吗？

“大家好，我是豪猪，还有人叫我‘小山猪’，其实我并不是猪，只是长得像猪而已。你们可别看我个子小哦，一定要小心我身上的这些长刺。哼哼，我昨天还教训了一只小狐狸，把它扎得‘哇哇’直叫……”小兔子一听顿时吓了一跳，因为它还从没见过有这种动物，于是就赶紧溜走了，它要回去请教妈妈那个小家伙究竟是什么东西。

豪猪属啮齿目动物，常栖息于低山森林茂密处，多成群结队活动，广泛分布于我国长江以南的省份以及东南亚地区。

豪猪形状像猪但比猪小得多，体长只有 60 ~ 70 厘米，体重 10 ~ 14 千克；身体肥壮，整个肩部以及尾部布满黑白相间、粗细不等的长刺。它们白天在穴中睡觉，晚间出来觅食，常以植物的根和茎为食，尤其喜欢盗吃番薯、花生、玉米和瓜果蔬菜等；每年秋、冬季交配，第二年春天产崽，每胎产 2 ~ 4 只。

近看豪猪的脑袋和猪的脑袋还是有几分相似的。

防卫武器——锐刺

豪猪身上长着两万多根尖刺，这些刺长约 0.3 米，而且很粗。当它们遇到敌害时，就会迅速地将身上的刺直竖起来，肌肉的收缩使身上的硬刺不停地碰撞，发出“唰唰”的响声，以警告对方离开。如果对方不听警告，豪猪就会调转屁股，倒退着勇猛地撞向对方。

豪猪的刺是特化了的毛发。豪猪种类不同，刺的形状也有所不同。有些豪猪的刺是一束束的，而有些豪猪的刺则与毛发夹杂在一起。

值得注意的是，豪猪的刺锐利且容易脱落，刺上还生有倒钩。一旦豪猪的刺刺进了皮肤，倒钩就会挂在皮肤上，很难除去。若是刺得较深，在正常的肌肉运动下，倒钩还会越刺越深，引起伤口感染，甚至会危及生命。

夜行动物

豪猪为夜行性动物，白天睡觉，晚上觅食。它们的巢洞是在穿山甲和白蚁的旧巢穴的基础上扩大和修整的，通常包括主巢、副巢、盲洞和几条洞道。洞口大都有两个，最多的有 4 个，开口在外面，其中有一个洞口必定隐藏在杂草中，这是它们的逃生洞口，以备不时之需。

LINK

豪猪破坏庄稼，毁坏农作物，因此通常被认定为害兽，不过现在野生豪猪越来越少，面临绝迹危险，已被国家列为保护物种。而人工养殖的豪猪，越来越受到人们的喜爱。此外，豪猪还具有很高的药用价值，入药后，具有降压、定痛、活血、化瘀、祛风、通络的功效，通常用于治疗胃病、白血病、风湿病、恶疮等疾病。另外，人们还把豪猪身上的刺用来制作浮标和装饰品，甚至有的人还把豪猪当成宠物来饲养。

跳跃我最牛 

“宝贝，赶紧钻进去，在里面乖乖地待着哦……”“妈妈，放心啦，我知道了。但我很奇怪，为什么大家总喜欢跳跃而且几乎所有的活动都是跳跃？”小袋鼠不解地问妈妈。“跳跃是我们袋鼠家族最拿手的本领呀，其他动物在这一点上是很难超越我们的，等你长大后也会成为跳跃高手的。”

难道袋鼠生下来就不会走路，只会跳跃吗？为什么有那么多澳洲人都以它们为骄傲呢？我真想好好了解一下它们。

袋鼠是一种有袋类的哺乳动物，原产于澳洲大陆和巴布亚新几内亚的部分地区，其中以澳大利亚的袋鼠最为著名。

袋鼠外形像一只巨大的老鼠，一般体长 1.3 ~ 1.5 米，尾长 1.2 ~ 1.3 米，重约 80 千克；全身呈赤褐色，头较小，双耳和眼睛较大；前肢短小，后肢发达，善跳跃。作为草食性动物，袋鼠大多在夜间活动，有些也在清晨和傍晚活动。它们胆小机敏，通常以群居为主，有时可多达上百只。雌性袋鼠腹部长有育儿袋，雄性则没有。它们一年繁殖 1 ~ 2 次，寿命约 20 年。

跳跃高手

袋鼠不会行走，只会跳跃，且往往以跳代跑，最高可跳至 4 米，最远可跳至 13 米，是当之无愧的跳得最高最远的哺乳动物。

袋鼠的前肢短小有力，能随时抓握东西；后肢长而粗壮，弹跳力特别强。此外，它们的尾巴不但又粗又长，而且还满是肌肉，可以起到调节平衡的作用，不但能在休息时支撑身体，而且在跳跃时还能帮助它们跳得更快更远。

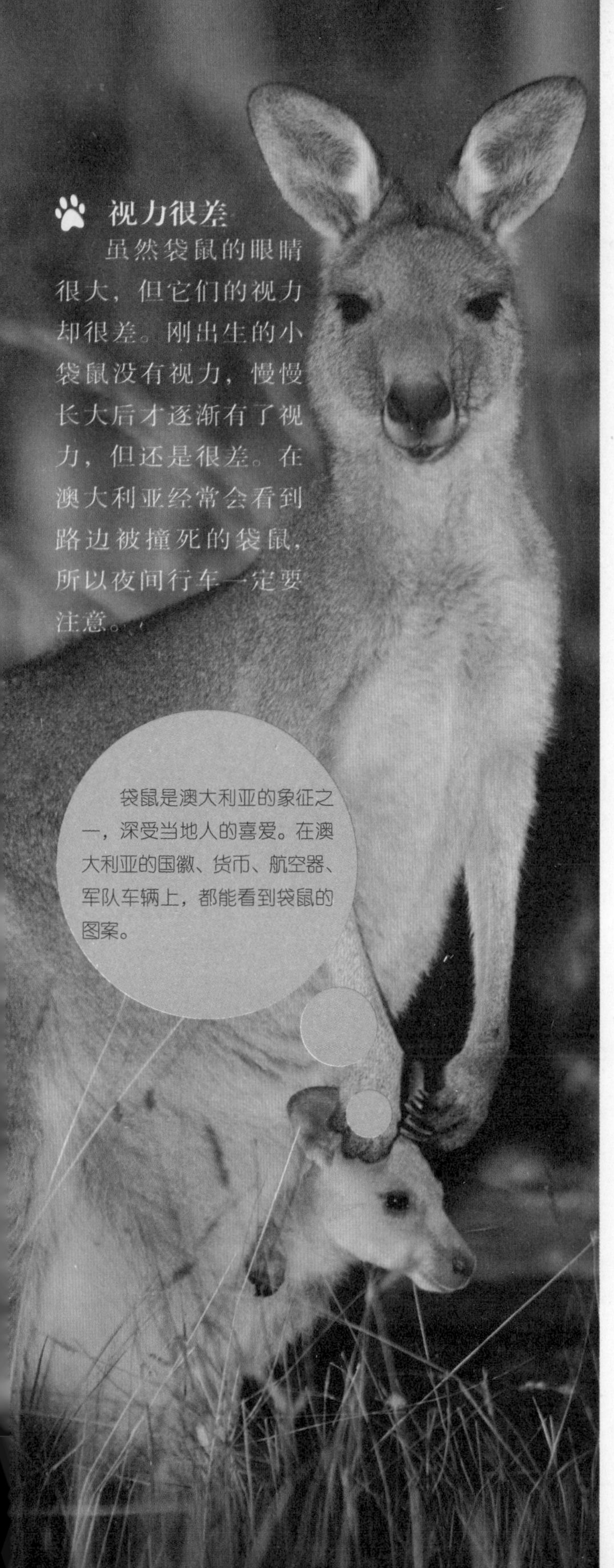

视力很差

虽然袋鼠的眼睛很大，但它们的视力却很差。刚出生的小袋鼠没有视力，慢慢长大后才逐渐有了视力，但还是很差。在澳大利亚经常会看到路边被撞死的袋鼠，所以夜间行车一定要注意。

袋鼠是澳大利亚的象征之一，深受当地人的喜爱。在澳大利亚的国徽、货币、航空器、军队车辆上，都能看到袋鼠的图案。

育儿袋

袋鼠的育儿袋富有弹性，能拉开，能合拢，如同一个橡皮袋一样，非常方便小袋鼠进出。一般小袋鼠一出生后就会被放入育儿袋里，并在这里被抚养长大，直到能完全适应外部环境。

“种族歧视”严重

袋鼠是一种十分重视种族的动物，它们往往带有浓厚的“种族歧视”倾向，不能容忍外族成员随便进入自己的家族，甚至对于本家族的成员也要求很严。长期在外的成员再回到本族时是不会受欢迎的，就算家族愿意重新接纳，它们也要经过一番教训并学会“规矩”后，才能和家族融为一体。

爱美的“刺头”

森林里的小动物们都出去玩耍了，只有小刺猬一个人待在家里发呆。原来，它越想越觉得自己丑得可怜：小小的眼睛，尖尖的嘴巴，全身除了灰色外就没有别的颜色。更让它接受不了的是那一身刺，害得它连一个伙伴都没有，因为大家都不喜欢和它玩，说怕被它刺伤了。“哎，该怎么办呢？要是我全身没刺，变得漂亮点多好啊……”

小刺猬，你可千万别那样想哦，其实你挺漂亮的呢。在动物世界里，你们刺猬家族可是一道亮丽的风景线啊，而且你们还拥有自己的“独门绝技”呢。

刺猬是一种小型哺乳动物，它们有很多别名，如刺团、猬鼠、偷瓜獾、毛刺等。中国有2属4种。

刺猬的头、尾和腹面被毛，体背和体侧满布棘刺，前后足均具5趾，跖行，少数种类前足4趾；嘴尖而长，齿36 ~ 44枚，均具尖锐齿尖，适于食虫。刺猬一般能活4 ~ 7年，但作为宠物的刺猬，据记载有存活达16年的。

憨厚可爱的刺猬。

“独门绝技”护身法

刺猬是一种体长不过25厘米的小型哺乳动物，虽然身单力薄，行动迟缓，却有一套保护自己的“独门绝技”。

当刺猬受到惊吓时，全身棘刺会竖立，卷成刺球状；当遇到敌人袭击时，它的头朝腹面弯曲，身体蜷缩成一团，包住头和四肢，连短小的尾巴也埋藏在棘刺中，浑身竖起钢刺般的棘刺，宛如古战场上的铁蒺藜，使袭击者无从下手。

此外，当刺猬发现某些有气味的植物时，会将其咀嚼后吐到自己的刺上，使自己的气味与所处环境中的气味保持一致，以防止被天敌发觉，同时也可以使其刺上沾染某些毒物，用来对付敌人。

益兽和“园丁”

刺猬的触觉和嗅觉都很灵敏，常在夜间活动，以昆虫和蠕虫为食，一晚上能吃掉200克的虫子。因为它能捕食大量有害昆虫，所以对人类来说它们是益兽。

刺猬最喜爱的食物是蚂蚁与白蚁，当嗅到地下有食物时，它就会用爪子挖出洞口，然后将长而黏的舌头伸进洞内一转，即获得丰盛的一餐。在野生环境下自由生存的刺猬会为公园、花园、院落清除虫蛹、老鼠和蛇，是免费的“园丁”。当然，有时它们饿极了，也难免会偷吃一两个果子。

LINK

刺猬性格温顺，动作举止憨厚可爱，不会随意咬人，因而深得小朋友们的喜爱。而且刺猬适应能力强，疾病较少，因此逐渐成为人们喜爱的家庭宠物。

冬眠

刺猬也有冬眠现象，它要整整睡上5个月，直到翌年春季，气温升到一定程度时才会醒来。刺猬有忍耐蛰伏期体温和代谢率降低的能力，并凭借这一点度过寒冷和食物短缺的困难时期。

铠甲将军……穿山甲

穿山甲和食蚁兽在森林里几乎同时发现了一处蚁穴，一场激烈的食物争夺战眼看就要上演了。食蚁兽向穿山甲示威，警告它不要跟自己抢食物，否则就会一命呜呼的。穿山甲也不甘示弱，发誓一定要打败这个嚣张的家伙。当食蚁兽张开大嘴向穿山甲发起攻击时，穿山甲立即蜷缩起身子，露出自己坚硬锋利的铠甲。食蚁兽没有想到穿山甲还有这一招，结果被割破了嘴，疼得直叫，只能灰溜溜地逃跑了。

穿山甲可真棒啊，竟然有这么神奇的铠甲，真不愧是动物界的“将军”啊！

穿山甲是一种地栖性哺乳动物，多生于热带及亚热带地区，我国海南、福建、广东等沿海省份均有分布。

穿山甲体形狭长，不同个体体重和身长差异极大，通常身长 40 ~ 55 厘米，尾长 27 ~ 35 厘米；四肢粗短，头呈圆锥形，眼小，嘴尖；舌长，无齿；耳不发达；全身有黑褐色鳞甲，鳞甲从背脊中央向两侧排列，呈纵列状；鳞片之间杂有硬毛；多栖息于山麓、丘陵、树林等较潮湿的地方。穿山甲喜欢挖洞居住，白天常匿居洞中，晚间多出外觅食；主要以白蚁为食，也吃食其他昆虫的幼虫等；每年繁殖一次，每胎 1 ~ 2 崽。

铠甲护身

穿山甲的外壳占总体重的 20%，甲皮是由有机骨骼组成的，富含角蛋白。这种特殊的坚硬外壳通常令其他野兽无从下口。

当穿山甲遭到狮子等大型猛兽撕咬时，它们会赶紧缩成一团，并利用肌肉让身上的鳞片进行切割运动，割破对方的嘴巴，甚至会让对方身受重伤。

状如铠甲的外壳是穿山甲的避敌利器。

护林高手

穿山甲的食量很大，一只成年穿山甲的胃最多可以容纳500克白蚁。据观察，只要把一只成年穿山甲放入250亩林地中，白蚁就不会对森林造成危害。由此可见，穿山甲在保护森林、堤坝，维护生态平衡等方面都有很大的作用。

此外，穿山甲自古以来就是一味珍贵的中药材，能活血散结、通经下乳、消痈溃坚，可以治疗血瘀经闭、症瘕、风湿痹痛、乳汁不下、痈肿、瘰疬等疾病。较高的药用价值使穿山甲遭到大肆捕杀；此外，近年来，由于人们吃腻了山珍海味，总想搞些新的东西来尝尝，于是穿山甲也被端上了餐桌；加上栖息地被破坏，穿山甲的数量正在锐减。穿山甲现已被列为国家二级保护动物，禁止私自捕杀和食用。

LINK

穿山甲有“洁癖”：每次它们大便前，都要先在离洞口外边1～2米的地方用前爪挖一个5～10厘米深的坑，将粪便排入坑中以后，再用松土覆盖。

嗅觉超敏锐

穿山甲的舌头细长，且能伸缩，并带有黏性唾液。觅食时，它们以灵敏的嗅觉寻找蚁穴，用强健的前肢爪掘开蚁洞，将鼻吻伸入洞里，用长舌舐食食物。

神奇的装死高手……负鼠

当太阳偎入群山怀抱准备睡觉时，小负鼠终于得到妈妈的许可，可以跟着妈妈一起觅食了。它跟着妈妈穿过茂密的野草丛，翻着跟头滚下山，心里别提多高兴了。突然，从树丛中蹿出一只恶狼，贪婪地盯着负鼠母女俩。此时负鼠妈妈大声喊道："孩子，快趴下，用我们家族的逃生绝招啊。""是啊，我都快忘了，之前妈妈还教过我呢。"小负鼠一边想着一边赶紧躺下来装死。只见恶狼跑过来嗅了嗅它们，就摇了摇尾巴转身走开了。等听不到恶狼的脚步声时，小负鼠才慢慢睁开眼睛。

小负鼠装死的本领真的有那么神奇吗？它们竟然能轻易骗过恶狼，从而保全了自己的性命。这究竟是怎么一回事呢？

体形娇小的负鼠。

负鼠是有袋目负鼠科动物的通称，是一种原始、低等的哺乳动物，主要产于拉丁美洲，全世界共有12属66种。

负鼠为中小型兽类，小的只有老鼠那么大，最大的也不过和猫一样大。它们四肢短小，均具5趾，拇指大，无爪，能对握。大多数负鼠具有能缠绕的长尾，因此母负鼠能随身携带幼鼠到处奔跑；尾毛稀疏并覆以鳞片，少数种类尾短而具厚毛。负鼠每胎产崽6～14只，从怀孕到分娩，只有十几天。刚生下的小负鼠不足2厘米长，可以爬进育儿袋继续发育。

逃生绝招——装死

负鼠的天敌很多，如狼、狗等，在躲避天敌时它们有一个绝招——装死，可以迷惑许多天敌，十分灵验。

负鼠在即将被擒时，会立即躺倒在地，张开嘴巴，伸出舌头，眼睛紧闭，将长尾巴一直卷在上下颌中间，肚皮鼓得高高的，呼吸和心跳中止，身体不停地剧烈抖动，表情十分痛苦地作假死状。这一绝招常使捕食者产生恐惧感，在反常心理作用下，不再去捕食它。

当捕食者触摸负鼠身体的任何部位时，它们都纹丝不动。此外，它们还会从肛门旁边的臭腺排出一种恶臭的黄色液体，这种液体能使对方更加相信它们确实死了，而且已经腐烂了。大多数捕食者都喜欢吃新鲜的肉，一旦猎物死了，身体就会腐烂并且布满病菌，这时捕食者就会离去。

捕食者离开后，短则几分钟，长则几小时，负鼠便能恢复正常。如果周围已没有什么危险，它们会立即爬起来逃走。

LINK

负鼠常常夜间外出，捕食昆虫、蜗牛等小型无脊椎动物，也吃一些植物性食物。平时，它们喜欢在树上生活。

负鼠妈妈和一群小负鼠依偎在一起。

刹车手

负鼠会在疾奔中突然立定不动，往往让捕食者吓得大吃一惊，也急忙“刹车”，并且还会停在那里，好一会儿不知所措。就在此时，站立不动的负鼠却又突然跃起，疾步逃奔。等捕食者清醒过来想去捕捉负鼠时，它们早已跑得无影无踪了。这一本领使它们在动物界赢得了“刹车手”的称号。

看似温柔的小负鼠，却也是牙尖嘴利呢！

举步维艰……懒猴

懒猴……蜂猴……还真有这么一种动物啊！太有趣啦！

一天，动物园里来了个“新成员”，工作人员都管它叫“小不点儿”。“妈妈，那是什么动物呀？我怎么不认识呢？看上去有点像猴子啊！”在一旁参观的莉莉好奇地问道。“那是蜂猴，也叫懒猴。它们虽然也是猴子，但不像其他猴子那样喜欢跳跃，似乎总是安安静静的。”“那就是说，它们不会跳跃了？”“莉莉，你真聪明。是的，懒猴是一种只会爬行不会跳跃的动物，它们还是国家一级保护动物呢！”

懒猴，又名蜂猴、风猴，是一种懒猴科哺乳动物，在我国仅分布于云南和广西南部。

懒猴体长仅有 32 ~ 37 厘米，体重 0.68 ~ 1 千克，尾长 22 ~ 25 厘米；头圆嘴短，眼大而向前；头至腰背处有一条深栗色条纹，体背和侧面毛呈棕褐色，腹面为灰白色；体形较小且行动迟缓；树栖于热带雨林及亚热带季雨林中，善独居；夜行性，以植物的果实为食，也吃昆虫、小鸟及鸟卵。一年四季均能交配，每胎 1 崽，寿命可达 12 年。

到底有多懒

由于懒猴畏光怕热，所以白天总是蜷缩在树洞里或树干上睡大觉，无论是鸟啼还是兽吼都无法把它们惊醒，因而被称为懒猴。

懒猴行动特别缓慢，而且只会爬行不会跳跃，只有在受到攻击时，爬行速度才会有所加快。据观察，懒猴挪动一步竟需要 12 秒，简直可以称得上是“步履蹒跚，举步维艰”。

护身有绝招

懒猴的天敌都是那些能树栖的食肉类动物，如金钱豹、云豹、云猫和青鼬等。懒猴的动作如此缓慢，它们拿什么来保护自己呢?

原来懒猴白天很少活动，所以它们身上散发出的水汽和碳酸气体就会被地衣和藻类植物所吸收，这些植物在它们身上繁殖生长起来，并把它们包裹得严严实实的。这样懒猴就有了和周围环境色彩一致的保护衣，从而不会轻易被敌害发现，因此它们也叫拟猴。

LINK

懒猴分布地区较小，繁殖率低，目前数量稀少，处于濒临灭绝状态，现已被列为国家一级保护动物，属于严禁捕猎的对象。

我可不是鱼……鲸

鲸是真的装傻还是原本就以为自己是鱼类呢？小朋友们，你们知道鲸到底是什么动物吗？

一天，海底世界举办“谁是最大鱼类”大赛，荣获第一名的选手可以获得丰厚的奖赏，于是大家纷纷报名参加。鲸一听，心里顿时乐开了花，心想：“真傻呀，不就是我嘛，还比什么呀？哈哈……我就等着领奖喽！”但等到公布结果的时候，鲸却大吃一惊，本以为这次的冠军非自己莫属，没想到不但没获奖，反而还在所有鱼类面前狠狠地丢了一次丑。

鲸每一次到海面上换气都会溅起巨大的浪花。

鲸，哺乳纲，鲸目，是世界上最大的哺乳动物。鲸可分两大类：一类是口中无牙而只有须的须鲸，一类是无须但有牙齿的齿鲸。它们在世界各大海洋中均有分布。

鲸的体形似鱼，大小因种类而异，最大的体长达 30 多米，最小的只有 10 米，目前已知的最大的鲸约有 190 吨重。它们的外形很像鱼，头骨发达，嘴部较长；皮肤裸露，没有体毛，仅嘴部有少许刚毛；眼睛很小，视力较差；没有外耳郭。鲸通常以浮游生物、软体生物和鱼类为食。它们喜欢群居，通常成群在海洋中活动，大多实行“一夫一妻”制，一胎 1 崽，寿命约 60 ~ 70 年。

伪鱼类

鲸并不是鱼类，它们的祖先原来生活在陆地上，后因环境的改变而在靠近陆地的浅海里生活，经过长时间的进化和演变，它们的前肢和尾巴变成了鳍，后肢则完全退化，最终适应了海洋生活。

其实，鲸作为名副其实的哺乳动物，除了游泳方式和一般鱼类不同之外，它们还和人类一样靠肺呼吸，属于胎生动物，并用乳汁哺育幼鲸。

被誉为动物王国中的“潜水冠军”的抹香鲸。

喷水柱

鲸的外鼻孔位于头顶，通常有1～2个，俗称喷气孔，一般鼻孔位置越靠后者表明其进化程度越高。鲸每隔一段时间就要浮出水面进行呼吸，并且在浮出水面时，会喷出大量的水柱。不同的鲸喷出的水柱也会不一样。喷出的水柱垂直且又高又细的是须鲸；水柱倾斜且又粗又矮的是齿鲸。有人甚至能从水柱推算出鲸的种类、大小和年龄。

听觉灵敏

鲸不但没有外耳郭，甚至连外耳道也很细，但它们的听觉却十分灵敏，而且能感受超声波，并通过回声定位来寻觅食物、联系同伴或逃避敌害。

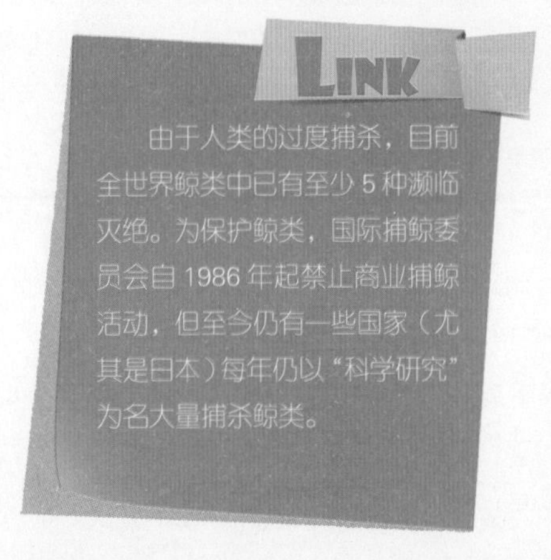

海上救生员……海豚

海豚是要吃掉船员吗？不用担心，海豚们那样做是便于把他们驮到背上，然后把他们带到安全地带。其实，海豚是一种非常聪明的动物，它们的智力水平远远超出我们的想象。

1996年，一艘韩国渔船在太平洋海域捕鱼时不幸沉没，其中6名船员当即丧生，剩下的10名船员在海中游了近10个小时。就在他们都已精疲力尽、以为生还无望之际，一群海豚游到了他们身边。船员们喜出望外，顾不得多想，抓住海豚的胸鳍就往海豚背上爬。不料，此时的海豚却把身子往下沉……

海豚是一种体形较小的哺乳动物，属于鲸类，它们喜欢过集体生活，少则几条，多则几百条。它们分布在世界各大海洋中，栖息地多为浅海，很少游入深海。

海豚体长1.2 ~ 10米，体重23 ~ 225千克。它们的大脑是海洋动物中最发达的，占体重的1.7%。海豚嘴部一般是尖的，上下颌各有约100颗尖细的牙齿，主要以小鱼、乌贼、虾、蟹为食。海豚没有气孔、鼻孔之分，只有一个用于呼吸的鼻孔，位于上颌顶端，每次换气可在水下维持二三十分钟。人们经常看到海豚跃出水面，这就是海豚在换气。雄海豚的寿命一般为50 ~ 60年，雌海豚为80 ~ 90年。

在鲸类王国里，要数海豚家族的成员种类最多了，全世界已知的海豚种类共有30多种。

海上救生员

海豚是人类的朋友。当人们在海上发生危难时，往往会得到海豚的帮助，因此它们得到了“海上救生员”的美誉。

其实，海豚救人的美德源于其对子女的照料天性。由于海豚是一种用肺呼吸的哺乳动物，所以每隔一段时间就得把头露出水面进行呼吸。因此，对刚出生的小海豚来说，最重要的就是尽快浮上水面进行呼吸。若发生意外，海豚妈妈就要把小海豚托起来使其露出水面，直到小海豚能够自己呼吸为止。

海洋馆里的明星

海豚不像某些胆小的动物那样见人就逃，也不像深山老林中的猛兽那样张牙舞爪，而总是十分温顺可亲。与狗和马相比，它们有时对待人类甚至更为友好。

海豚是靠回声定位来判断目标的远近、方向、位置、形状甚至物体的性质，所以即使把海豚的眼睛蒙上，把水搅浑，它们也能迅速、准确地追到扔给它们的食物。经过训练的海豚，不但能做出各种难度较高的杂技表演动作，甚至能模仿人的声音说话。正是海豚的聪明智慧使它们成为海洋馆里最受小朋友们喜爱的明星。

高超的模仿、学习能力

从解剖学的角度来看，海豚的脑部非常发达，不但大而重，且与人类的基因有着惊人的相似。

海豚的模仿、学习能力很强，它们似乎能了解人类所传递的信息，并采取行动，按照训练师的指示，表演各种美妙的跳跃动作。

在世界各地的任何一个海洋馆里，海豚都堪称是绝对的明星。

沉默是金 ······ 长颈鹿

森林里要举行歌咏比赛了，动物们都积极地去参加。在路上，百灵鸟正好碰到了长颈鹿母女俩，一见面百灵鸟就嘲笑道："哟，你们还去呀，你们今天要演唱什么歌曲呀？不会又是那首'哞、哞、哞'吧！哈哈，我可是森林里的'麦霸'，今天的第一名非我莫属喽！"长颈鹿妈妈一听没吭声，依然带着小长颈鹿默默地继续往前走。"妈妈，你为什么不反驳它呀？我们长颈鹿又不是哑巴，再说了这比赛是重在参与，你看百灵鸟那得意忘形的样子。"

小长颈鹿说得真好。其实啊，长颈鹿并不像一些人认为的是"哑巴"，它们只是喜欢保持沉默而已，其实它们的本领还不小呢！

长颈鹿是一种反刍偶蹄目动物，是世界上现存最高的陆生动物，主要分布在非洲热带、亚热带广阔的草原上。

雄性长颈鹿个体高达 4.8 ~ 6.2 米，重 800 ~ 2 200 千克，雌性个体一般要小一些。雌雄都有外包皮肤和茸毛的小角。眼大而凸出，位于头顶上，适宜远望。它们遍体具有棕黄色网状斑纹，生活在稀树草原和森林边缘地带，喜欢集群，有时和其他动物混群。白天活动，晨昏觅食，主要以各种树叶为食，耐渴。长颈鹿繁殖期不固定，孕期 14 ~ 15 个月，每胎产 1 ~ 2 崽，寿命约 30 年。

长颈鹿是世界上最高的陆生动物。

LINK

长颈鹿是一种谨慎胆小、寂静敏感的动物，遇到天敌，或者听到风吹草动，就会立即逃跑。它们除了一对大眼睛是监视敌人天生的"瞭望哨"外，还会不停地转动耳朵寻找声源，直到确定平安无事，才会继续吃食。

“跆拳道”

长颈鹿身高腿长，四肢可前后左右全方位地踢打，击打范围广，力量大。如果成年狮子不幸被踢中，也会落个腿断腰折的下场。

千里眼

由于长颈鹿是世界上现存最高的动物，站得高又望得远，视力不凡，在动物界有“千里眼”的美誉。

沉默是金

长颈鹿的声带很特殊，在它的声带中间有一道浅沟，不太好发声；而且，发声需要肺部、胸腔和膈肌的共同帮助，但由于它的脖子实在太长，使得这些器官间的距离太远，因此长颈鹿叫起来很费力气。所以，它们平时很少发出声音，以致有些人误以为长颈鹿是“哑巴”或没有声带。

其实，当年幼的长颈鹿找不到自己妈妈时，它们也能发出像小牛一样“哞、哞、哞”的叫声。长大以后的长颈鹿，不但身材高大、看得远，跑起来也特别快。当发现远处的敌人时，能迅速逃跑或躲避起来，躲不开就会用它那像铁锤一样的大蹄子来应付敌人，根本用不着发出呼救的声音。

健康的“高血压”患者

长颈鹿的身高要求它们拥有比普通动物更高的血压，因为只有这样，心脏才能把血液通过长长的脖子输送到大脑。长颈鹿的血压大约是人类血压的3倍。

四不像的传奇……

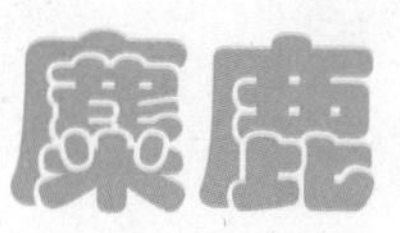

在古代，曾有一种动物和传说中的麒麟齐名，人们认为它是吉祥的化身，能给人带来福气。这种动物就是神话小说《封神演义》中姜子牙的坐骑，整体看上去似鹿非鹿，似马非马，似牛非牛，似驴非驴。

这种传说中的动物真的存在吗？你们知道它指的是哪种动物吗？

麋鹿，属偶蹄目鹿科，又名大卫神父鹿，因其头像马、角像鹿、蹄像牛、身像驴，又被称为四不像。它原产于我国长江中下游沼泽地带，一度在中国灭绝，经中外动物保护人士共同努力又得以回到中国。

麋鹿体长1.7～2.1米，体重120～180千克，雌性体形比雄性略小；头大，脸部狭长，眼小，四肢粗壮并有较长的尾巴；雄性长有头角，雌性无角；夏季时毛为红棕色，冬季脱毛后为棕黄色；常喜欢在泥泞的树林沼泽地带活动，以青草、树叶和水生植物为食；孕期比其他鹿种要长，约为9个半月，每胎1崽，寿命通常为25年。

独特的鹿角

雄性麋鹿的鹿角形状非常独特，最长可达80厘米。它没有眉杈，角干在角基上方分为前后两枝，前枝向上延伸，然后再分为一前一后两枝，每小枝上再长出一些小杈；后枝平直向后伸展，末端有时也会长出一些小杈。

此外，麋鹿的鹿角倒置时能够“三足鼎立”，这在动物界中是独一无二的。

好群居，善游泳

麋鹿喜欢群居，这也是它们的一种自卫方式。古人曾有“麋鹿成群，虎豹避之”的说法，说明就算是凶猛的野兽面对成群结队的麋鹿，也会无可奈何。

麋鹿最适于生长在湿润的温暖地带，特别是有水域、沼泽、湿地等的地方，由于水源充足，麋鹿还喜欢并善于游泳。

灭绝与复兴

麋鹿是中国特有的世界珍稀动物，由于自然和人为因素，在汉朝末年就近乎绝种。到清代，仅剩下北京南海子皇家猎苑内少量的一群。1900年，八国联军残忍地捕捉最后仅存的麋鹿，将其中一部分运往欧洲，剩下的几乎全部杀光，麋鹿从此在中国消失。

值得庆幸的是，英国的十一世贝福特公爵得到了其中的18头麋鹿，放养到乌邦寺庄园，同时为了防止其灭绝，也开始向各国动物园疏散。

1986年，英国伦敦动物园无偿提供了39头麋鹿，放养在我国江苏大丰麋鹿保护区，从此麋鹿又重新回到故土并在我国繁衍壮大。

LINK

江苏大丰麋鹿国家级自然保护区是世界占地面积最大的麋鹿自然保护区，拥有世界最大的野生麋鹿种群。经过繁衍壮大，2010年保护区的麋鹿数量已达到1618头。

高原之舟……牦牛

明明对这种叫牦牛的动物产生了很大的兴趣，旅行结束后，他下定决心要好好了解一下。

有一年暑假，明明跟着旅行团来到青藏高原游玩。当他们到达青海湖时，发现湖边有几头长得像牛的动物，只不过它们的毛比普通牛要长。牧民们还把它们精心收拾了一番，原来是供游客拍照留念呢。“您好，我想问一下，它们是什么动物呀？”“这是牦牛，是青藏高原的一种特有动物，它们可是我们这里的宝贝呀！”

牦牛是一种偶蹄目牛科哺乳动物，是西藏高山草原上特有的牛种，主要分布在西藏自治区和青海省，此外，毗邻的蒙古、巴基斯坦、阿富汗等国也有少量分布。它们耐严寒，对高原环境有很强的适应性，寿命通常为 23 ~ 25 年。

牦牛体长 2 ~ 2.6 米，体重 400 ~ 500 千克，体形粗壮笨重，雄性个体比雌性个体大；通常全身为黑色或深褐色，身体两侧以及腹、胸、尾具有浓密的长毛；嘴唇、眼眶周围和背线处的短毛则为灰白色或污白色。

高原之舟

牦牛是典型的高寒动物，具有耐苦、耐寒、耐饥、耐渴的本领，对高山草原环境有很强的适应性。它们生活在海拔 3000 ~ 5000 米的高寒地区，能耐 –30℃ ~ –40℃的严寒，甚至能爬上海拔 6400 米的冰川。

对于世代以游牧为生的藏民来说，牦牛具有无可替代的作用。无论是盛夏还是寒冬，牦牛始终能坚忍不拔地为藏民们的衣、食、住、行提供便利。牦牛还有识途的本领，不但善走险路和沼泽地，还能有效避开陷阱，择路而行，有时可作旅行者的向导。

全身都是宝

牦牛除了可用作高原运输外，还可用于农耕，而且人们还可以喝牦牛奶，吃牦牛肉，烧牦牛粪，它的毛皮还可以制作衣服或帐篷。

此外，牦牛肉还是一种名贵药材，具有强心、清热、解毒、镇静等作用，它的骨头还可以加工成工艺品、饲料以及工业用料。

LINK

我国是世界牦牛的发源地。全世界 90% 的牦牛都生活在我国青藏高原及毗邻的省区，其中青海省 490 万头，占全国牦牛总数的 38%，居全国第一；西藏自治区 390 万头，占 30%，居全国第二；此外，四川、甘肃、云南以及新疆均有少量分布。

黑白条纹的护身符……斑马

原来，斑马家族也有一套护身绝招啊。其实，斑马身上的斑纹不但能保护自己的安全，还有很多其他作用呢！

有一天，小斑马布布和同伴啾啾从家里偷偷跑出来玩耍。啾啾看着自己身上浅淡的斑纹，再看看布布身上鲜明的斑纹，不由得撇了撇嘴巴，不高兴地说："布布，你比我漂亮，呜呜……我要把我这身丑陋的衣服脱掉！"啾啾说着，就用嘴撕咬自己的皮。"啾啾，别胡闹。"布布赶紧制止了啾啾，抚摸着它低声说道："我听妈妈说，我们身上的斑纹可是大有用处呢。它是我们斑马家族祖祖辈辈为适应环境而形成的保护色，是我们的'护身符'啊！"

斑马是斑马亚属和细纹斑马亚属的通称，因身上有起保护作用的斑纹而得名，为非洲特产动物，主要以青草和嫩树枝为食。

有着黑白条纹的斑马。

斑马喜欢栖息在平原和草原地带，是群居性动物，常 10 ~ 12 只结伴成群，有时也跟其他动物群，如牛羚乃至鸵鸟混合在一起。老年雄性斑马偶尔单独活动。成年斑马体长 2 ~ 2.4 米，体重约 350 千克。斑马在春季产崽，孕期 11 ~ 13 个月。

"护身符"的作用

斑马身上的条纹漂亮而雅致，不但是同类之间相互识别的主要标志之一，而且是形成适应环境的保护色，是保障其生存的一个重要防卫手段。

在开阔的草原和沙漠地带，这种黑褐色与白色相间的条纹，在阳光或月光照射下，反射光线的能力不同，起着模糊或分散其体形轮廓的作用。一眼望去，我们很难将斑马与周围环境分辨开来。这种不易暴露目标的保护作用，对斑马是十分有利的。

此外，斑马身上的条纹可以分散和削弱草原上刺蝇的注意力，是防止蚊虫叮咬的一种手段。

长着白条纹的黑马

斑马到底是长着黑条纹的白马还是长着白条纹的黑马，关于这个问题，人们一直争论不休，因为人们往往把比例较大的颜色作为底色，而斑马的黑白条纹面积却不相上下。为了得出答案，科学家把斑马的毛全部剃掉，才发现剃掉毛的斑马皮是黑色的，因此才得出这样的结论：斑马是长着白条纹的黑马。

珍奇的观赏动物

斑马是珍奇的观赏动物，在许多动物园和马戏团中都有斑马。但由于人类为了获取斑马的皮和肉曾对其大肆捕杀，斑马的数量也越来越少。虽然目前斑马还未列入被保护动物的行列中，但已面临着灭绝的危险。

LINK

斑马经常喝水，因此它们很少到远离水源的地方去。另外，它们还有一个特点，那就是即使在食物短缺时，从外表看它们仍是膘满肥壮、皮毛光泽闪亮。

沙漠之舟·······骆驼

是的，小骆驼，别灰心哦，你要相信自己和妈妈的话。你们骆驼可是人类忠实的朋友啊，而且还有“沙漠之舟”的美称呢。

一天傍晚，小骆驼和妈妈在沙漠里散步。小骆驼低声说道：“妈妈，身边的小朋友经常嘲笑我，说我丑死了，从小就是驼背，而且脚掌又厚又大，毛发还是土灰色，一点都不漂亮，它们都不喜欢和我玩，我一个人好孤单啊！”“孩子，别难过，我们骆驼家族不是别的动物所能比的，我们对人类的贡献是非常大的。我们之所以长成这样，是为了更好地保护自己！”骆驼妈妈亲切地说道。

骆驼是骆驼科骆驼属的动物，分单峰驼和双峰驼。单峰驼只有一个驼峰，双峰驼又称大夏驼，有两个驼峰。

骆驼头较小，颈粗而长，弯曲如鹅颈。躯体高大，体毛褐色。四肢细长，蹄大如盘，两趾、跖有厚皮，这些都是适于沙地行走的特征。背部有1～2个较大的驼峰，内贮脂肪。胃分3室，第一室是水腑，能贮水；第二室是吃干草的胃囊；第三室是具有消化吸收功能的肾囊。尾细长，尾端有丛毛。

骆驼性情温顺，常单独活动，食粗草及灌木，可用作骑乘、驮运、拉车、犁地等。雌骆驼每胎产一崽，哺乳期1年，寿命为40～50年。

沙漠之舟

骆驼的耳朵里有毛，能阻挡风沙进入；双重眼睑和浓密的长睫毛可防止风沙进入眼睛；鼻孔还能自由关闭，就是由于这些“装备”才使得骆驼可以在沙漠中自由地来去。

骆驼的脚掌扁平，脚掌下有又厚又软的肉垫，这样的脚掌使骆驼在沙地上行走自如，不会陷入沙中。骆驼的皮毛很厚实，冬天沙漠地带非常寒冷，皮毛对保持体温极为有利。骆驼熟悉沙漠里的气候，有大风快袭来时，它就会跪下，旅行的人可以预先做好准备。骆驼走得很慢，但可以驮很多东西。它是沙漠里重要的交通工具，人们把它看作渡过“沙漠之海”的航船，有“沙漠之舟”的美誉。

耐饥渴

骆驼十分能耐饥渴，可以十多天甚至更长时间不喝水。在极度缺水时，它们能将驼峰内的脂肪分解，产生水和热量。它们以稀少的植被中最粗糙的部分为生，能吃其他动物不吃的多刺植物、灌木枝叶和干草，甚至能吃沙漠和半干旱地区生长的几乎任何植物（包括盐碱植物）。

骆驼体内水分丢失缓慢，脱水量达体重的25%仍无不利影响。骆驼一口气能喝下100升水，数分钟内就能恢复丢失的体重。

图为双峰骆驼，小朋友们，仔细观察一下，就可以看见骆驼长长的睫毛、厚厚的脚掌以及高大的驼峰，这些“装备”都是为了更好地适应沙漠中的生活。

驼峰的作用

经科学证实，驼峰中贮存的是沉积的脂肪，不是水。脂肪被氧化后产生的代谢水可供骆驼生命活动的需要，因此有人认为，驼峰中实际存贮的是“固态水”。

其实，骆峰根本就起不到固态水贮存器的作用，而是一个巨大的能量贮存库，能够为骆驼在沙漠中长途跋涉提供能量消耗的物质保障。

森林里新来了一头大象，“大象的腿好粗呀！”“大象的鼻子好长呀！”“大象的耳朵好像把大扇子呀！”……小动物们围着大象，七嘴八舌地议论着这个新来的伙伴。大象看着这些小家伙们，亲昵地用鼻子轻轻地抚摸着它们，不一会儿它们就像多年的老朋友一样玩得畅快无比。正当大家喊热准备下河洗澡的时候，大象吸了一鼻子水喷向了大家，于是它们又在水边尽情地玩耍起来。

大象的鼻子可真厉害呀，不但能够卷起重物，而且还能吸水帮大家洗澡。大象的本领还不止这些，它们还是世界上最聪明的动物之一呢！

大象，属长鼻目，象科，通称象，是目前世界上最大的陆生动物。长鼻目仅有象科这一科，共2属3种，即亚洲象、非洲象以及非洲森林象。它们栖息于多种环境，尤喜丛林、草原和河谷地带，主要分布在南亚、东南亚以及非洲大陆。

大象的头颅硕大，耳大如扇；四肢粗大如圆柱，支撑着巨大的身体，膝关节不能自由屈曲；鼻子几乎与身体等长，呈圆筒状，伸屈自如；鼻孔开口在末端，鼻尖有指状凸起，能拣拾细物。尽管大象有一个巨型的胃和19米长的肠子，但它们的消化能力却相当差，平均每天只能消化75～150千克植物。

独特的交流方式

大象可以利用人类听不到的次声波来交流。在无干扰的情况下，声波一般可传播11千米，若遇上气流导致的介质不均匀，声波只能传播4千米。在这种情况下象群会通过跺脚产生强大声音的方式进行交流，用这种方法声波最远可以传播32千米。

那么大象是如何听到远方传来的声波呢？难道是把耳朵贴到地上听？其实大象利用的是骨骼。远方传来的声波会沿着脚掌通过骨骼传到大象的内耳，而大象脸上的脂肪可以用来扩音，因此动物学家们把这种脂肪称为扩音脂肪。

鼻子对于大象来说如同人的手，灵活自如，能做很多事，取食、喝水、洗澡……不仅灵巧而且力气还很大。鼻子的前端极其灵活，甚至可以握住细小的东西。

高超的智商

大象的听觉非常灵敏，会使用次声波进行远距离交流。此外，象鼻还具有缠卷的功能，是自卫和取食的有力工具。

亚洲象是象的一种，智商很高，且性情温顺憨厚，非常容易驯化。在东南亚和南亚的很多国家，尤其是泰国和印度，人们都驯养大象用来骑乘、役使和表演等。

复杂的求爱方式

大象的求爱方式比较复杂。繁殖期到来，雌象便开始寻找僻静之处，用鼻子挖坑，建筑新房，然后摆上礼品。雄象则四处漫步，用长鼻子在雌象身上来回抚摸，接着用鼻子和对方互相纠缠，有时还把鼻尖塞到对方嘴里。

大象没有固定的繁殖期，一般每隔4～9年产下1崽，而且双胞胎极为罕见，孕期约22个月。幼象大约到3岁时才断奶，但会同母象一起生活8～10年。

我的绝密武器是放屁……黄鼠狼

黄鼠狼妈妈刚到家，就看到小黄鼠狼躺在床上“呜呜”地哭。“宝贝，你怎么了，谁欺负你了？”妈妈急切地问道。“没有人欺负我，是我最好的朋友小狐狸被坏人捉住了，我想去救它，可是又没有什么办法……”小黄鼠狼伤心地说道。“噢,原来是这样啊。宝贝，你先别难过，妈妈现在就教你我们家族特有的绝招，也许可以把你的好朋友解救出来呢。”“太好了！是什么呢？妈妈你快说到底是什么啊……”

只见妈妈悄悄凑近小黄鼠狼的耳边，轻轻地说了起来。原来，黄鼠狼家族的绝招居然是放屁。

可爱的黄鼠狼。

黄鼠狼，学名黄鼬，是小型的食肉动物。体长 250 ~ 390 毫米，通常雌性体长小于雄性体长 1/3 ~ 1/2。体形细长，四肢短；尾长约为体长的一半，尾毛蓬松；颈长、头小，可以钻很狭窄的缝隙；背部毛色呈棕褐色或棕黄色，吻端和颜面部深褐色，鼻端周围、口角和额部为白色，杂有棕黄色，身体腹面颜色略淡。与很多鼬科动物一样，黄鼠狼体内具有臭腺，可以排出臭气，在遇到威胁时，可以起到麻痹敌人的作用。

黄鼠狼栖息于山地和平原，常见于林缘、河谷、灌丛和草丘中，也常出没在村庄附近，居于石洞、树洞或倒木下。它们多在夜间活动，主要以啮齿类动物为食，偶尔也吃其他小型哺乳动物。

绝密武器

黄鼠狼警觉性很高，它会时刻保持着高度戒备状态，要想出其不意地偷袭黄鼠狼是很困难的。

黄鼠狼还有一种退敌的“绝密武器”，那就是位于肛门两旁的一对黄豆形的臭腺。它在奔逃的同时，能从臭腺中迸射出一股臭不可闻的分泌物。如果被这种分泌物射中头部的话，就会引起中毒，轻则头晕目眩、恶心呕吐，严重的还会昏迷不醒。

捕鼠益兽

黄鼠狼是世界上身体最柔软的动物之一。它的腰柔软善曲，可以穿越狭窄的缝隙，有了这个本领，它就可以任意钻进鼠洞内，轻而易举地捕食老鼠了。

黄鼠狼是益兽，它的主要食物是各种鼠类。据估算，一只黄鼠狼一年可吃掉 1500 ~ 3200 只老鼠，平均一夜之间可以捕食 6 ~ 7 只老鼠，是名副其实的捕鼠能手。

黄鼠狼的身体非常柔软，即便是狭窄的缝隙也难不倒它。

LINK

黄鼠狼的皮毛非常珍贵，皮板结实，毛长绒厚，可制做衣帽，尾毛还是高级毛笔“狼毫”的原料。

长跑冠军……狼

一个阳光明媚的早晨，狼王和长老们站在森林最高处的悬崖上嚎叫着。慢慢地，越来越多的狼加入其中，那此起彼伏的声音，显得昂扬雄壮，气势磅礴，在森林的上空久久回荡。“我亲爱的孩子们，你们是狼族的希望！在这个伟大而神圣的日子里，又有许多孩子即将成年，担负起伟大的使命，振兴狼族！孩子们，你们要记住，这是你们成为狼族栋梁的开始！也是你们展现勇敢彪悍的开始……”

狼王为什么对它们说这些话呢？因为，它们正在举行一年一度的“狼族成年礼”。原来狼族家庭还有这么神圣的仪式呀！

狼是犬科犬属的一种大型犬形哺乳动物，曾在全世界广泛分布，目前主要分布在亚洲、欧洲、北美和中东。而我国曾是狼种群数量最多的国家之一，我国的西北和东北地区是主要的狼群分布地。

狼的体形像狗但比狗大，嘴尖长，口较宽阔，耳竖立不曲，尾巴呈挺直状下垂，全身为棕灰色或苍灰色。它们栖息范围广，适应性强，能在山地、林区、草原、荒漠、半沙漠等许多地区生存。它们嗅觉敏锐，生性凶暴残忍，常以鹿、羊、兔等为食，也吃昆虫、野果等，偶尔也袭击祸害家畜、家禽。狼属于群居性很高的动物，常以家庭为单位。野生的狼通常可活 12 ~ 16 年，人工饲养的狼则可活 20 年左右。

野生灰狼正在捕食鹿。

等级森严

狼群拥有非常严格的等级制度和较强的团队协作能力。它们常以6 ~ 12只组成一个群体，冬天最多时可达50只以上。狼群通常以家庭为单位，由一对优势夫妻领导，而以兄弟姐妹为一群的则以最强的一只为领导。

幼狼长大后，一般会留在群内照顾其他弟妹，也有可能继承优势地位，有的则会迁移出去。狼有时也会迁徙，迁徙时通常以百来只为一群，这些成员来自不同家庭等级，各个小团体原狼首领会成为头狼，头狼中最出众的则会成为狼王。

狼的外形同狗相似。

长跑冠军

狼身体前高后宽，脚长，腿细长强壮，非常善于奔跑且持久性超强，连豹子都不是它们的对手。它们有能力以每小时60千米的速度奔跑20千米，是动物界当之无愧的长跑冠军。

领域性强

狼群有领域性，领域通常也是其活动范围。当狼群内个体数量增加，领域范围缩小时，狼群之间的领域范围不会重叠，它们会以嚎声向其他群宣告自己范围。其他狼群也不会侵占它们的领域，所以邻近的狼群之间很少发生纠葛。

LINK

我国在很长一段时间都把狼作为害兽加以消灭，近年来随着狼的栖息地不断缩小，许多过去常见的分布区已见不到狼的踪迹。狼的毛皮质量好，部分器官能入药，这也是导致其被猎杀的一个因素。

拥有 2.2 亿个嗅觉细胞 犬

有一天，公安局接到养殖场的报案电话，说有人盗走了十几只猪。局长立即指派几名警员赶赴案发现场，警犬小黑和闪电也摇晃着尾巴，做好了战斗的准备。赶到现场后，小黑很快确定了嗅源，随后开始寻迹追踪。经过 3 个小时的连续奋战，最后终于在一处废弃的院子里发现了被盗的猪。光荣完成任务后，小黑和闪电特别高兴，跑到警员身边摇着尾巴撒起欢来。

警犬是一种由公安机关使用的具有一定警务用途的犬。犬是一种非常聪明的动物，除了帮助破案外，它们还有许多本领呢。

犬，学名家犬，俗称狗，是人类最早驯化的动物，驯养时间在 4 万 ~ 1.5 万年前，被称为“人类最忠实的朋友”。

狗是杂食性动物，以肉食为主，消化道比食草动物要短。它们的胃盐酸含量在家畜中居于首位，加之肠壁厚，吸收能力强，所以容易消化肉类食品。狗在群居时，也有等级制度和主从关系。狗的孕期通常为 3 个月，寿命相对较短，一般为 12 年左右。

正在接受训练的警犬。

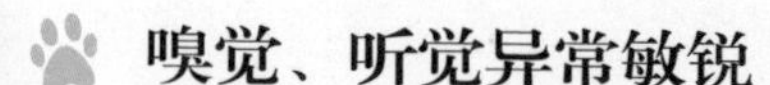

嗅觉、听觉异常敏锐

狗有 2.2 亿个嗅觉细胞，是人类的 250 倍，它们能分辨出大约 200 万种物质发出的不同浓度的气味。

狗能分辨出极为细小和高频率的声音，而且对声源的判断能力也很强，听觉是人的 16 倍。当狗听到声音时，由于耳与眼的交感作用，所以完全可以做到眼观六路，耳听八方。晚上，它即使在睡觉时也保持着高度的警觉性，对方圆 1 千米以内的声音都能分辨清楚。更让人难以置信的是，它们可以区别出节拍器每分钟的震动次数。

尾巴语言

尾巴动作也是狗的一种语言。虽然不同类型的狗，其尾巴的形状和大小各异，但是尾巴的动作表达的意思却大致相同。

不同的尾巴动作表示不同的意思：尾巴翘起，表示喜悦；尾巴下垂，意味着危险；尾巴不动，显示不安；尾巴夹起，说明害怕；尾巴迅速水平地摇动，象征着友好。

狗尾巴的动作还与主人的音调有关。如果主人用亲切的声音跟它们说话，它们就会摇摆尾巴表示高兴；反之，如果主人用严厉的声音跟它们说话，它们就会夹起尾巴表示不愉快。

狗的用处

看家护院：是狗最主要的用途之一。

照顾生活：有一些狗用于照顾长期瘫痪或有其他不便的人士，如照顾盲人行动的导盲犬。

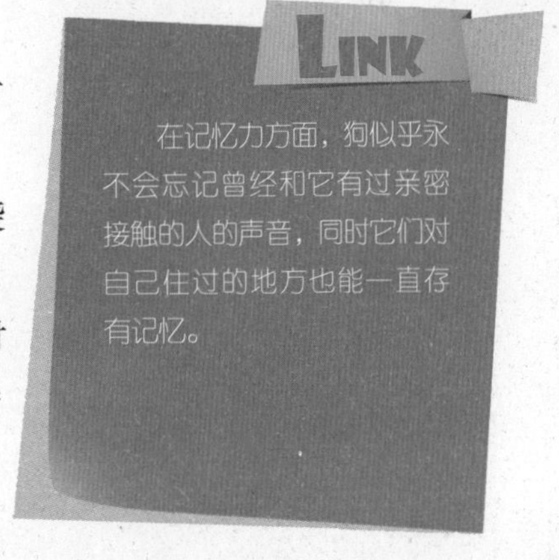

捕猎畜牧：有一些狗用于保护家畜免受侵袭或协助猎人捕获猎物，如猎犬、牧羊犬。

交通畜力：一些在寒冷地带生活的人，有时会使用狗作为交通运力，如北极圈附近的因纽特人和生活在中国东北的人。

救助：雪崩、地震等灾害发生后，有些专门的救助犬可以进入危险地带帮助寻找生存者。

军警：有一些狗可用来协助军人和警员等执行军事、巡逻、搜查物品等任务，如军犬、警犬、海关缉毒犬。

表演：有一些狗经过训练后可为大家表演节目，娱乐大众，大多数马戏团都有这种用于表演的狗。

猜猜看，哪只是警犬？

其实我并没有那么坏·······狐狸

这一天，小动物们要举行一年一度的联谊聚会了，在会场上，许多小伙伴都不喜欢和小狐狸坐在一起，而且它们嘴里还悄悄地嘀咕着什么。这时嘴快的小兔子忍不住便说："你们别那样说小狐狸了，虽然它生性多疑，爱耍小聪明，但它本质上并不坏啊，我们不能就因为它的一些缺点就完全否定它，那样对小狐狸也不公平呀！"听到这些，小狐狸默默地掉下了眼泪……

是啊，人非圣贤，孰能无过？任何人都是既有优点又有缺点的，看人要一分为二，不能一棒子打死。对于狐狸家族，你们又了解多少呢？

狐狸是食肉目犬科珍稀动物，常栖息于森林、草原、半沙漠以及丘陵地带，我国几乎各省均有分布。

狐狸形体像小黄狗，嘴尖耳大，身体较长，腿短，身后拖着一条长长的大尾巴，全身棕红色，尾尖呈白色。它们居住于树洞或土穴中，通常傍晚觅食，天亮后返回巢穴；拥有极其灵敏的嗅觉和听觉，行动敏捷，能捕捉老鼠、野兔、昆虫等，有时也吃食一些野果；通常喜欢单独行动，生殖期则成群活动；每年 2 ~ 5 月产崽，一般每胎 3 ~ 6 只；寿命因品种不同而略有差异，大多是在 10 年左右。

狐狸的性情

狐狸性情多疑，人们往往利用它的这一“缺点”去捕捉它。狐狸的警惕性很高，行止谨慎，倘若它窝里的幼崽被天敌发现了，它就会立刻搬家，以防不测。

其实，狐狸的性格并非都是狡猾、奸诈，而是在它生命受到威胁时表现出的机警与智慧。狐狸傲视群雄的聪颖和身临绝境时表现出的镇定自若、临危不乱，着实令人敬佩不已。

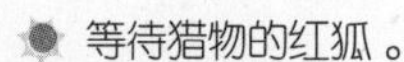
等待猎物的红狐。

经济价值

狐狸皮是较珍贵的毛皮，毛长绒厚，灵活光润，针毛带有较多色节或不同的颜色，张幅大，皮板薄，适于制成各种皮大衣、皮领、镶头、围巾等制品，保暖性好，雍容华贵，美观大方。

益多害少

狐狸以昆虫、野兔和老鼠等为主要食物，而这些动物几乎都是危害农作物的有害动物，狐狸吃了它们等于为农作物除害，所以，通常意义上狐狸是对人类有益的动物。当然狐狸偶尔也会袭击家禽，所以相对来说也有一定的害处。

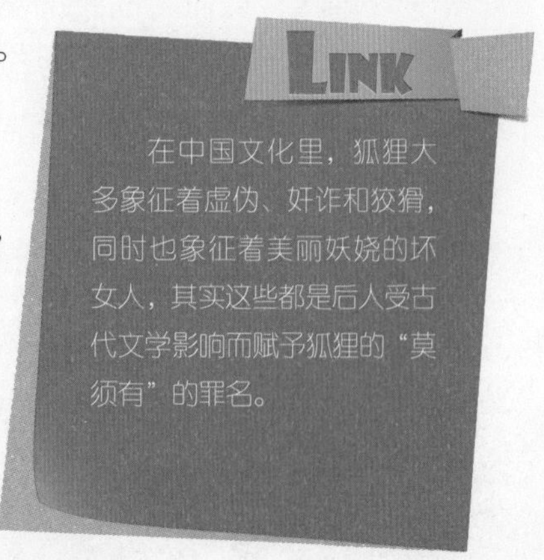

LINK

在中国文化里，狐狸大多象征着虚伪、奸诈和狡猾，同时也象征着美丽妖娆的坏女人，其实这些都是后人受古代文学影响而赋予狐狸的“莫须有”的罪名。

隐伏高处的完美猎手……豹子

小朋友，你对豹子的认识有多少呢？下面让我们也好好了解一下吧！

在一次课外活动中，老师问了大家一个问题："豹子和老虎的相同之处是什么？区别又是什么呢？"小朋友们七嘴八舌地踊跃回答，有的说"它们的花纹不一样"；有的说"它们都很凶猛"；还有的说"它们都生活在森林里，会吃人呢"……为解答大家的疑惑，老师给大家播放了一段《人与自然》，看了以后，大家就都知道上面那些问题的答案啦。

豹子属于猫科动物，在四种大型猫科动物中体形最小，主要分布于亚洲、非洲以及美洲。在我国，除台湾、海南和新疆等少数省区之外，豹子曾在其他各省广泛分布。

豹子头小而圆，耳短，全身呈黄色，并具有稀疏的小黑点，头部的斑点小而密，背部的斑点密且较大；牙齿锋利发达，舌头的表面长着许多倒生小刺，嘴角上方各有5排斜形的胡须；整个体形高大威猛。雌豹体重约70千克，雄豹约90千克，主要以青羊、马鹿、猕猴、野猪以及鸟类为食，每胎2～3崽，约3年性成熟。

完美猎手

豹子在动物界的猎杀能力仅次于狮和虎，可以算是完美的猎手。豹子身形矫健、勇猛灵活、奔跑时速可达90千米；善于跳跃和攀爬，性机敏，拥有十分敏锐的嗅觉和听觉；不但智力超常，而且非常善于隐蔽自己，从而更利于捕获猎物。

豹子的体能极强，食性广泛，常独居活动，一般在夜间或凌晨、傍晚出没。

进攻方式

豹子有两种进攻方式，一种是隐蔽在树上等待猎物，因为多数动物很少注意到从上方而来的危险，这样居高临下，不但使自己散发的气味不易被对方发觉，而且视野还很宽阔。另外一种是偷袭。当看到猎物以后，豹子就静悄悄地、一点一点地向猎物靠近，由于它的爪子上有柔软的肉垫和尖利的爪甲，所以几乎不会发出一点声响，在到达有利的地形之后，再猛扑上去，将猎物杀死，然后找一处安全的地方把猎物隐藏起来，从容地慢慢享用。

自身的保护色

豹子的皮毛和其他动物一样，具有天然的保护色，它们经常埋伏在森林中，不会轻易被发现，原因是由于豹子身上的的斑点和树荫、树叶融为了一体。豹子在奔跑时缺乏足够的耐力，故它们经常选择用树叶来作为伪装，等待猎物靠近再发出突然袭击，以减少在追逐、奔跑时的体力消耗。

兽中之王……老虎

周末到了，小丽和妈妈一起去动物园参观。“妈妈，我听同学说，老虎不但勇猛无比，而且还会游泳，是真的吗？”“是啊，游泳可是它们的强项哦！”“可我就想不明白了，老虎体形庞大，是森林之王，怎么还擅长游泳呢？”“傻孩子，老虎只是在天热时才会游泳，但它们不但爱好戏水，而且还能借助游泳来捕猎动物呢！”

老虎，多威猛的动物呀，你们见过吗？小朋友，你们对老虎的了解又有多少呢？

老虎，又称虎、大虫，属于猫科动物，是陆地上最强大的食肉动物之一，目前世界上存有6个亚种，即孟加拉虎、印支虎、东北虎、苏门答腊虎、华南虎和马来亚虎。

老虎的体形很大，不同品种之间差异较明显，通常体长为2.1 ~ 3.8米，体重为80 ~ 420千克；毛皮呈黑褐色且中间夹杂着黑色横纹，尾巴长有黑圈；下体大部分为白色；拥有最长的犬齿和最大号的爪子；前肢的挥击力量达1000千克，爪子能刺入11厘米深；生性勇猛，一次跳跃平均可达6米；擅长捕食，常以大中型动物为食。野生老虎寿命大约为15年，圈养老虎寿命一般能达20多年。

爱戏水并擅长游泳

作为猫科动物中最大的动物，老虎的身体升温面积要比其他同类动物大得多，所以它们总是在夜间捕食。在炎热的夏季，为了避暑，老虎总喜欢泡在水中，特别是母虎，游泳技术极为高超。

游泳时，老虎通常会把身体潜入水中，但不会全部潜入，而是小心谨慎地露出眼睛。为了保护眼睛，老虎下水时往往是后腿开始倒着退入水中的。

老虎除了把游泳作为一种行为方式以外，有时还把它当成一种捕猎手段。它们通常先将猎物逐入水中，使猎物失去反抗能力，从而轻而易举地将其捕获。

爬树技巧突出

老虎属于猫科动物，既然猫会爬树，老虎当然也会爬树了。我们以前讲故事时总是说猫是虎的师父，却没有教它爬树。其实，主要是因为老虎生活的环境要比猫舒服得多，所以没有必要冒险去爬树，只有在迫不得已的情况下，它们才会显露出自己攀爬的本领。

兽中之王

老虎生性低调、谨慎、凶猛，攻击力相当强的雌性亚洲象、野牛、亚洲黑熊、犀牛、花豹、棕熊等都不是它的对手。老虎一旦发威，往往势不可当。它位于食物链的终端，在自然界中无任何天敌，所以自古以来老虎就有“兽中之王”的美称。

LINK

华南虎是中国特有的虎亚种，生活在我国中南部，俗称中国虎。由于人类的肆意捕杀，野外现存的华南虎已很难见到，仅百余只存在于动物园和繁殖基地。华南虎属国家一级保护动物，目前已面临灭绝，也是世界上最濒危的动物之一。

排脏逃生……海参

小海参真的能长出新的肠胃吗？海参家族为什么会有这么神奇的本领呢？

有一天，小海参去表姐家作客，没想到在路上被大鲨鱼盯上了。只见大鲨鱼张着血盆大口扑向了小海参。在这紧要关头，小海参抛出了自己的肠胃，并快速地游回了家。到家后，它哭着把一切都告诉了爸爸妈妈，妈妈安慰道："孩子，别担心，你50天后还会长出新的肠胃，这是我们逃避天敌的一种特殊本领啊！"小海参听后还是闷闷不乐，总觉得身上少了些什么，这时爸爸对它说："孩子，要懂得舍弃的重要性啊，有舍才有得。你虽然暂时抛弃了肠胃却保住了性命，这才是最重要的！"

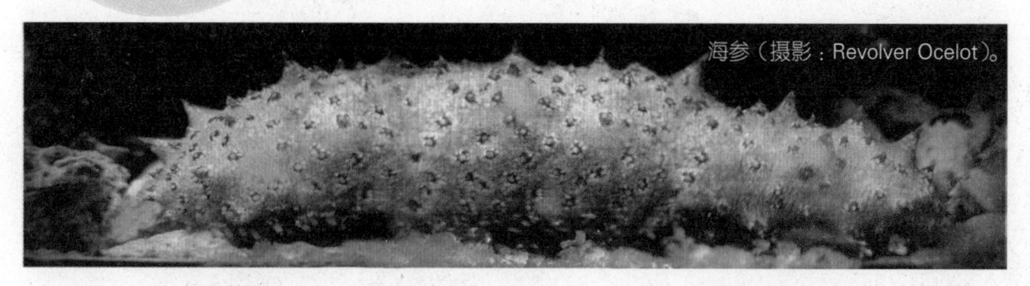
海参（摄影：Revolver Ocelot）。

海参又名刺参、海鼠、海黄瓜，属海参纲，是生活在海边至离陆地8000米海域内的海洋软体动物，距今已有6亿多年的历史，在各地海洋中均有分布，主要产于印度洋和西太平洋。

海参的身体呈圆柱状，小的长10～20厘米，大的可达30厘米，色暗，多肉刺，拥有发达的触手、坛囊，口在前端，多偏于腹面，肛门在后端，多偏于背面。海参背面一般生有疣足，腹面生有管足。海参具有很强的再生能力，当处在危险的环境时，体壁会强烈收缩，把内脏从肛门排出，一段时间过后，会再生新内脏。此外，海参的身体被切去一段后仍可再生。

海中人参

海参属棘皮动物，同人参、燕窝等齐名，是世界八大珍品之一，营养价值极高，因此被誉为海中人参。

海参不仅是名贵的食品，也是珍贵的药材。现代研究表明，海参具有提高记忆力、延缓性腺衰老、防止动脉硬化、预防糖尿病以及抗肿瘤等作用。

正在产卵的地中海管状海参。

逃生妙招

第一，排脏逃生。当遇到天敌偷袭时，海参会迅速地把自己体内的五脏六腑一股脑儿地喷射出来，让对方吃掉，而自身会借助排脏的反冲作用，逃得无影无踪。最不可思议的是，没有内脏的海参不会死掉，大约 50 天后，它又会长出一副新内脏。

第二，切身逃生。只要海参所处环境的水温和水质适宜，即使身体被切除一半或被天敌吃掉一半后，海参仍可以在几个月后重新长出全部身体，但剩下的一半必须有头部或肛门，因为海参的生长细胞集中于这两个部位。

第三，伪装逃生。海参靠肌肉伸缩爬行，每小时只能前进 4 米，所以它们练就了伪装的本领，肤色能够融入环境中。

LINK

当水温达到 20℃时，海参就会转移到深海的岩礁暗处，潜藏于石底，背面朝下，不吃不动，进入睡眠状态，整个身子萎缩变硬，如石头一样。一般动物也不会吃掉它。海参一睡就是一个夏季，等到秋后才苏醒过来恢复活动。

海底打捞工……章鱼

好奇妙啊，章鱼为什么愿意充当“打捞工”呢？它还真起到了很大的作用。你知道这一切都是为什么吗？

19世纪初，一艘载着为日本皇室搜罗的华丽而珍贵瓷器的轮船在日本海沉没了。多年来，尽管人们清楚地知道沉船的地点，可是，连最好的潜水员也无法潜到这么深的地方，因此打捞工作一直未能顺利进展。后来几个渔民想出了一个绝妙的办法：捕捉一些章鱼，将它们拴上长绳子，然后放到装载瓷器的沉船处。章鱼沉到海底之后便钻到瓷器里面，于是人们便可以将章鱼连同瓷器一起提出海面。最后，这些勤劳的“打捞工”就这样一件一件地将沉船里的珍贵瓷器打捞了上来。

章鱼，又称石居、八爪鱼、坐蛸、石吸等，属于软体动物门，头足纲，八腕目，多栖息于浅海沙砾或软泥底以及岩礁处，我国南北沿海均有分布。

章鱼体呈短卵圆形，无鳍。头上生有8条腕。腕间有膜相连，长短相等或不相等；腕上具有两行无柄的吸盘。平时用腕爬行，有时借腕间膜伸缩来游泳，或用头下部的漏斗喷水作快速退游。章鱼属肉食性，以瓣鳃类和甲壳类动物为食。春末夏初，常在螺壳中产卵，秋冬季常穴居较深海域泥沙中。

有“海洋霸王”之称的章鱼。

高超的思维能力

章鱼的独特之处在于：它们的眼睛发达，身体内有3个心脏，两个记忆系统，它们的大脑有5亿个神经元，身上还有一些非常敏感的化学感受器和触觉感受器。这种独特的神经构造使其具有超过一般动物的高超的思维能力。

LINK

章鱼的肉很肥厚，是优良的海产食品。它们的体内不但含有丰富的蛋白质、矿物质等营养元素，并且还富含抗疲劳、抗衰老、延长人类寿命的重要保健因子——天然磺酸

独立的生活能力

章鱼自出生之时起就能够独自生活。小章鱼只需在极短的时间内就能学会应有的本领，而且，它们的学习不是以长辈的传授为基础。虽然它们的父母遗传给了它们一些能力，但小章鱼更善于通过独自学习捕食、伪装、寻找更好的住所来发展自身解决新问题的能力。

对器皿嗜好成癖

章鱼似乎对各种器皿都嗜好成癖，总是渴望能藏身于空心的器皿之中。其实，章鱼不只爱钻瓶罐，凡是容器，它们都爱钻进栖身。

鉴于章鱼有钻进器皿中的嗜好，人们常常用瓦罐、瓶子作为渔具捕捉章鱼。日本渔民喜欢将各种形状的陶器拴在长绳子上沉入海底，过上几个小时，将陶器提上来时，章鱼还极为固执，不肯从舒适的房舍中钻出来。这时，只要往陶器中撒一点盐，它就会迅速地从藏身之处钻出来。

人们利用章鱼的这一习性，不仅能从事渔业生产，还能打捞沉在海底的贵重器皿等物品，这时，章鱼便充当起“打捞工”的角色。

喷墨高手……乌贼

有一天，乌贼妈妈带着小乌贼到姥姥家探亲。由于是第一次出远门，小乌贼特别兴奋，一路上跑前蹿后，欢欣雀跃。忽然，一条大鱼张着大嘴向它们扑了过来。小乌贼一声惊叫，吓得急忙躲到妈妈身下。此时妈妈不慌不忙，将身体一伸一缩，从腹腔内喷出一股墨黑的浓汁来，那条大鱼躲闪不及，一头撞到浓汁上。趁此机会，乌贼妈妈领着小乌贼迅速溜走了。

成功脱险后，小乌贼便嚷嚷着要跟妈妈学习那个护身本领。小乌贼，别着急哦，其实你们家族最擅长的护身法就是喷墨，你一定能够学会的。

乌贼，本名乌鲗，也称墨鱼、墨斗鱼、花枝，是软体动物门头足纲乌贼目的动物。乌贼的品种繁多，约有 350 种，分布于世界各大洋，主要生活在热带和温带沿岸浅水中，冬季常迁至较深海域。

乌贼遇到强敌时会以喷墨作为逃生的方法，伺机离开，因而有乌贼、墨鱼等名称。其皮肤中有色素小囊，会随情绪的变化而改变颜色和大小。

乌贼体长 2.5 ~ 90 厘米，身体像个橡皮袋子，内脏器官包裹其内。身体呈椭圆形，两侧有肉鳍，共有 10 条腕，其中 8 条短腕，还有两条长触腕以供捕食用。头较短，两侧有发达的眼，头部与躯干相连。

正在喷墨的乌贼。

烟幕专家

乌贼有一套施放“烟幕”的绝技。它们的体内有一个墨囊，囊内储藏着能分泌天然墨汁的墨腺。平时，它们遨游在大海里，专门以小鱼小虾为食，一旦有敌害向它们扑来时，它们就会立刻从墨囊里喷出一股墨汁，把周围的海水染成一片黑色，使敌害暂时看不见它们。在黑色“烟幕”的掩护下，它们便可逃之夭夭了。

乌贼喷出的这种墨汁还含有毒素，可以用来麻痹敌害，使敌害无法再去追赶它们。由于积贮一囊墨汁需要相当长的时间，所以，不到危急之时乌贼是不会轻易施放墨汁的。

游泳健将

在海洋生物中，乌贼的游泳速度最快。与一般鱼靠鳍游泳不同，乌贼是靠肚皮上的漏斗管喷水的反冲作用飞速前进的，其喷射能力就像火箭发射一样，可以使乌贼从深海中跃起，跳出水面高达 7 ~ 10 米。

乌贼的身体就像炮弹一样，能够在空中飞行 50 米左右。乌贼在海水中游泳的速度通常可以达到每秒 15 米以上，最高时速可以达到 150 千米。而号称鱼类中“游泳冠军”的旗鱼，时速也只有 110 千米，只能甘拜下风了。

变色能手

乌贼体内聚集着数百万个红、黄、蓝、黑等色素细胞，可以在一两秒钟内作出反应，调整体内色素囊的大小来改变自身的颜色，以便适应环境，逃避敌害。

乌贼为雌雄异体，外形上区别不明显，生殖为体外受精，直接发育。

拥有 26000 颗牙齿……蜗牛

小蜗牛你别伤心哦，小山羊之所以那样说你，那是因为它不了解你们蜗牛家族。其实，你不但和它一样有牙齿，而且你的牙齿比它多好多呢！

森林里要举行运动会了，小蜗牛也积极地去参加，在路上它碰到了小山羊。“呦，我还以为是谁呀，原来是你啊，小蜗牛，我劝你还是早点回去好好歇着吧，你们蜗牛跑得实在是太慢啦，而且嘴里还没有牙齿，连吃个东西都那么慢！”小蜗牛一听就伤心地哭了，因为它知道虽然自己走得很慢，但妈妈说过只要有恒心，就一定会走到成功的终点的，可小山羊为什么会说我没牙齿呢？难道我真的没有吗？妈妈好像没说过呀！

蜗牛是一种腹足纲蜗牛科陆生软体动物，在全球各地均有分布，大约有 40000 种。

蜗牛体形相差较大，小的身长不足 1 厘米，大的则有 30 厘米；它们均有外壳，不同种类的外壳有左旋或右旋之分；头部有两对触角，后一对较长的触角顶端有眼，腹面有宽大而扁平的腹足，行动缓慢，足下能分泌黏液；它们喜欢生活在比较潮湿的地方，常以植物叶和嫩芽为食，也有肉食性蜗牛；蜗牛是雌雄同体，在土中产卵;一般蜗牛寿命为 2 ~ 3 年，最长可达 7 年。

神秘的黏液

蜗牛的足下能分泌黏液。这种特殊的黏液可以降低摩擦以帮助蜗牛行走，而且还会有效阻止蜈蚣、蝎子、蚂蚁等昆虫的侵害。

在寒冷地区生活的蜗牛会冬眠，在热带地区生活的蜗牛也会有旱季休眠的情况。分泌出的黏液在它们休眠时形成一层干膜，用于封闭外壳的“洞口”，从而使全身安全藏在壳内，等到气温和湿度合适时再出来活动。

更为神奇的是，蜗牛的这种黏液让它即使是行走在锋利的刀刃上都不会有危险。

牙齿最多的动物

蜗牛的嘴巴一般不会轻易被发现，它位于小触角中间往下一点的位置。虽然嘴巴很小，几乎和针尖差不多，但千万别小看它，因为蜗牛可是世界上牙齿最多的动物，据说大约有 26000 颗牙齿呢。

此外，在蜗牛的嘴巴里还有一条锯齿状的舌头，能方便它们捕食，科学家们称之为齿舌。

外壳的作用

蜗牛的外壳不但能够遮风挡雨，而且还能起到保护作用。当蜗牛遇到敌害侵袭时，会迅速地把头和足缩回壳内，并分泌出黏液将壳口封住；当外壳损坏或残破时，它还能分泌出某些物质把受损的肉体和外壳修复完好。

LINK

在国际上，蜗牛拥有“软黄金”的美誉。它不但肉嫩味美，而且营养丰富。据测定，蜗牛肉中含蛋白质及维生素、钙、铁、铜、磷等多种人体所需要的营养素，是一种低脂肪、高蛋白食品。

第2章

那些令人惊叹的动物们

动物也过节

动物是大自然留给人类的无价之宝，为我们平凡的生活增添了无限的乐趣。它们不仅仅是我们的伙伴，还是维护自然界生态平衡的大功臣。但是许多急功近利、贪得无厌的人肆意地捕杀动物，导致了许多动物物种面临着灭绝的危险。为了更好地保护它们，世界上许多国家都设立了动物节，目的是借此在国民公众中进行保护、珍惜动物的宣传教育。下面让我们看看世界各国都有哪些奇特的动物节日吧。

印度——蛇节

在距孟买160千米的雪拉村，每年8月8日人们都要过一个特别的节日——蛇节。节前，男人们会去田野捕蛇，而妇女们则留在家里沐浴更衣，打扫庭院，虔诚祈祷。节日的早晨，人们高举锦旗，吹响螺号，敲锣打鼓，纷纷向庙宇进发。到了庙宇前的空地上，人们便把捕来的野蛇从瓦罐里放出来。此时，有的人用鲜花轻拂蛇头，有的人用香粉扑洒蛇身，有的人向蛇磕头跪拜，有的人还与蛇“窃窃私语”，甚至还有人对蛇嚎啕大哭。令人感到不可思议的是，每到此时，野蛇一下子就变得温柔起来，任人抚摸摆弄。等到蛇节结束后，这些蛇被一一放生，它们就又恢复了以往凶残的本性。

印度尼西亚——猴节

印度尼西亚加里曼丹岛北部地区的居民特别喜欢猴子，于是他们将每年的 5 月 7 日定为猴节。这天一大早，居民就带着准备好的糖果、饼干、糕点以及民间乐器，来到猴子的聚集地。这些猴子们则一边欢蹦乱跳地抢食人们送来的美食，一边欣赏着专为它们演奏的乐曲，就像一个个得到糖果的孩子一样，尽享节日的快乐。

每逢猴节，一顿美味的水果大餐是必不可少的。

澳大利亚——羊节

每年 8 月 11 日是澳大利亚维多利亚州的羊节。这一天，牧羊人要为羊群鸣放鞭炮，表示驱邪的意思，并致祝节词，然后把羊带到水草丰美的地方，让它们美美地饱餐一顿。

苏丹——驴节

每年 4 月的最后一天是苏丹红海省的驴节。每逢这天，红海省城乡各处均张贴有驴的宣传画和护驴的标语，家家户户都会将自家的驴精心打扮一番，然后牵到集镇上去参加驴子大游行。

俄罗斯——熊节

俄罗斯西伯利亚为了保护北极熊，将每年的 12 月 5 日定为熊节。这天，北极熊可以吃到直升机投放的肉类食品。若是它们身有疾患，当地兽医还会为其“免费治疗”。

加拿大——狗节

每年 10 月的第二个星期日是加拿大的狗节。这天，无论是大狗还是小狗，胖狗还是瘦狗都一律平等地受到主人的宠爱。狗儿们不仅在这一天可以享受美味大餐，连平日拉雪犁的狗也可享有“休假”1 天的特权。

法国——猪节

每年7月21日，欧洲最大的猪市场——法国南部的特莱苏巴西镇都要举行猪节。节日的节目之一是学猪叫比赛，届时来自世界各地的口技好手都会纷纷前往参赛，经过一番激烈角逐，优胜者将获得煮熟的整头大猪作为奖励。

西班牙——鸡节

西班牙人酷爱鸡，因此把每年的6月30日定为鸡节。这一天，在西班牙，无论是农民的鸡舍，还是大型的养鸡场，都被打扫得干干净净。有的还在鸡舍周围张灯结彩，并以各种鲜花装饰，节日的氛围异常浓厚，而且这天鸡的饲料也比平日丰盛许多。

比利时——猫节

比利时的易泊镇每年5月的第二个星期日都要举行一年一度的猫节庆祝活动。人们会在这一天穿上节日盛装，从四面八方来到广场。广场上有一座高塔，有人会从塔顶抛下一只彩色布猫。猫肚子里有100比利时法郎。谁能接到这只彩色布猫，就代表他会交好运。此地猫节的由来据说是因为这个镇以前曾发生过鼠疫，老百姓十分憎恨可恶的老鼠，便都养起了猫，并设立猫节，以此感谢那些为消除鼠害作出贡献的猫。

中国——牛节

在我国贵州省仁怀、遵义一带生活着仡佬族人民，每年农历十月初一他们都要举办牛王节。这一天，仡佬族人要杀鸡、备酒，敬奉牛王菩萨，祈求它保佑自家的牛健康。据说，这一天是牛的生日，人们为酬谢牛对人类的贡献，这天要让它好好休息，给它喂食最好的饲料，还要用上好的糯米做两个糍粑，分别挂在牛的两个角上，然后把牛牵到水边，让牛照见自己的影子，据说牛看见自己的影子就会很高兴。最后人们还要取下糍粑喂牛。

挪威、加拿大——海豹节

挪威和加拿大等国为了保护珍稀动物海豹,将每年的 3 月 1 日定为海豹节。海豹是保护级别较高的珍稀海洋动物，已被列入濒危动物红皮书中。按照国际贸易公约规定，被列入濒危动物红皮书的动物不允许买卖与参展。

你们认识我吗？我就是大名鼎鼎的马来犀鸟啊！我们头上这个铜盔状的凸起叫作盔突，就好像犀牛的角一样，所以我们才被叫作犀鸟。

马来西亚——犀鸟节

马来西亚的伊班族人非常崇拜犀鸟，把它奉为神灵。每年 12 月 1 日开始，他们都要举办为期 10 天盛大的犀鸟节（又称丰收节）。节日当天，男女老少盛装艳抹，以猪肝为祭品来祭犀鸟，并以猪肝的颜色和纹理来占卜当年的凶吉祸福。祭鸟过后，还要进行其他庆祝活动，如白天有精彩的斗鸡和龙舟赛，夜间是聚餐和歌舞晚会。

荷兰——鲜鱼节

每年 5 月的最后一个星期六是荷兰的传统民间节日——鲜鱼节，在距离海牙港两英里的斯文林根城海滨举行，距今已有 500 多年的历史。

戏说十二生肖

在陕西省临潼骊山人祖庙的西北方，人们发现了一块刻有鼠、牛、虎、兔、龙、蛇、马、羊、猴、鸡、狗、猪 12 种动物的形象的巨碑，这块巨碑被称为“十二像石”，关于它的由来还有一段有趣的传说呢。

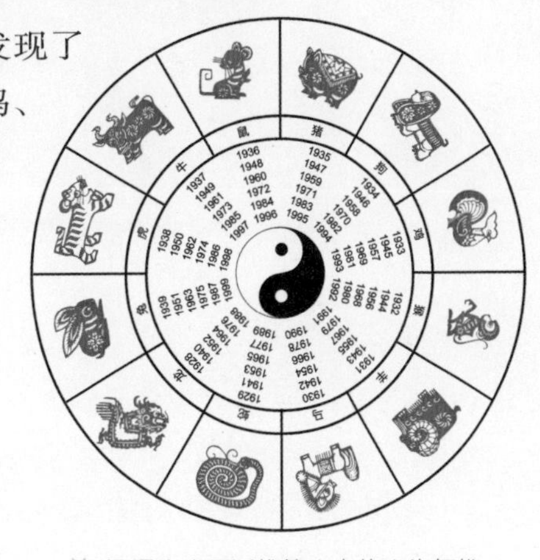

根据生肖可以推算出人的出生年份。

在很久很久以前，人们采用天干与地支配合的“干支纪年法”纪年。但是这种纪年方法比较复杂，于是有人建议以十二生肖来纪年，没想到这一建议真的得到了黄帝的许可，并诏令天下所有动物在正月初一到黄帝宫殿前候选。

动物们知道这个消息后，都纷纷准备赴会。因为牛知道自己腿脚慢，便在大年三十晚上就早早离家出发了，结果它是最早到达的。后面依次到达的是虎、兔、龙、蛇、马、羊、猴、鸡、狗、猪、鼠，于是，天上飞的，地上跑的，水里游的，全都聚到了一块儿。

黄帝从中挑选了到达最早的 12 种动物，接着开始给它们排次序。黄帝心想：牛虽笨拙，但身材魁伟健壮、又来得最早，决定把牛排在首位。就这样一直按先后顺序往下排，最后把老鼠排在了最末位。黄帝排完次序，刚想散会。突然，老鼠跳到黄帝面前说：“要说大，还得数我最大，我应该排在第一位，不信可以请老百姓鉴定一下。”黄帝觉得这只老鼠真是个不知天高地厚的家伙。不过，为了彰显民主，他还是同意让民意来决定谁该排在第一位。

12 种动物都走到了街上，牛上了街，人们对它很友好，有的摸摸它的头，有的称赞几句，却没有一个人说牛大的。这时，老鼠突然窜上牛背，把人们吓了一跳。只听人群中传来很多人的惊呼：“从哪儿蹦出这么大一只老鼠！”这一喊让老鼠得了逞，黄帝不好食言，只好将老鼠排在了十二生肖的第一位。

老鼠被排在了首位，自然十分得意。回家后，见猫刚刚睡醒，便说：“猫兄，生肖大会开完了，哈哈，我被选为第一。”猫一听就急了，大吼道：“你为什么不叫醒我？我们不是约定一起去赴会的吗？是不是怕我抢你的位置？太可恶了！”猫说完，便猛地扑向了老鼠。老鼠见猫真的翻了脸，吓得立刻逃回了鼠洞。从此，猫和老鼠就成了冤家对头……

因为这次生肖竞选，还使另外3种动物的关系也发生了变化。那就是龙、蜈蚣和大公鸡……

在所有这些参赛的动物中，龙长得威风凛凛、一表人才，美中不足的是它的头顶光秃秃的。有一次它刚从潭中跃出水面，就发现了一只雄赳赳的大公鸡，大公鸡不仅羽毛漂亮，头上还长着一对美丽的角。龙看了不由地怦然心动，便向大公鸡讨借头上的角一用。大公鸡摇了摇头说："不好意思，不能借给你，我明天还要参加生肖竞选大会呢！"龙想了一下说："美丽的大公鸡先生，就凭你这一身五彩斑斓的彩衣，准能入选。你的角长在头上也是多余，不如先借给我用用，过一段时间再还你。"

大公鸡爱听奉承，当时就想把角借给龙，但还是有点舍不得。正在这时，爬来一条大蜈蚣，说："鸡大哥，你就把角借给龙大哥吧，你要不放心，我可以作担保。要是龙大哥到时候不还给你角我去找它算账。"大公鸡见有蜈蚣作保，便高兴地答应了。龙得到了美丽的角也万分欢喜，并满口应承生肖竞选大会结束后会立即将角还给大公鸡。

等到竞选结束的时候，骄傲的大公鸡竟然只排到了倒数第三的位置，它心里很不服气，后悔自己当初把角借给了龙。散会之后，大公鸡急忙去找龙想要要回自己的角。龙见了大公鸡自知理亏，可又不想把这样漂亮的角还给它，于是便跳进身边的深潭，躲了起来。大公鸡不会游泳，只好去找当初作保的蜈蚣。蜈蚣说："这是你借给它的，还得你去找龙，它若是不还，我也没办法。"蜈蚣说完也躲了起来。从此，大公鸡头上没有了角，只留下红红的鸡冠。它每天早晨都登上高处大叫着："龙哥哥，角还我！"平时，就用爪子到处刨，寻找蜈蚣，只要见到蜈蚣就啄，看来是为了惩罚蜈蚣的说话不算话。

虽然有许多动物对自己的排位次序不满意，可是黄帝言出如山，它们慢慢地也就接受了。十二生肖选定并排列好次序后，黄帝便命创造文字的仓颉把这12种动物形象刻在石碑上，一直流传至今。

动物天堂……澳洲

利用假期，妈妈带着芊芊去了一趟澳洲。澳洲真是太美了，芊芊在那里玩得都有点乐不思蜀了。其中最让芊芊印象深刻的是，澳洲当地人对待动物就像对待老朋友一样，到处都能看见人和动物和谐相处的美好画面。

走在澳洲的大小城市、码头、广场上，芊芊经常可以看到成群的鸽子悠闲自得地走来走去，争食游人给予的食物，真是一群不知道害羞的家伙们；再来看看那些海鸥吧，只见它们正毫无顾忌地在游人身边穿梭；而那些海狮、海豹们则在海边尽情地戏耍着，时而跃上海滩，时而累了在岩石上晒太阳，懒洋洋地躺着。

即使芊芊不出门，坐在租住的普通家庭的后花园中（澳洲穷人的住宅，法律上也规定要有后花园），斑鸠、喜鹊、白颈鸟，还有成群结队的彩色鹦鹉，都会“叽叽喳喳”地来作客。每天清晨，乳白色的大鸟——澳洲人称“笑鸟”，很早就会飞到树上来“咯咯”大笑，直到把屋里的主人叫醒为止，真是一群尽职尽责的“活闹钟”啊。

有一次妈妈带芊芊到悉尼伍伦岗海滩上野餐，刚跨出汽车，便有几只羽毛很漂亮的翠鸟落在芊芊的头上和肩上，妈妈马上拿起照相机来抢拍，但小鸟眨了眨眼睛，并没有飞走。妈妈好奇地伸出手臂，便有几只小鸟落了下来，好像自家驯养的一样，一点儿都不怕生。芊芊和妈妈沿着沙滩走去，又从灌木丛中跳出许多松鼠，跑到她们身边来嬉戏。那美丽的画面真是让芊芊终身难忘啊。

在澳洲的这段时间，芊芊经常可以在公路旁看到奇怪的牌子，妈妈告诉她那上面写的是：“当心袋鼠！”“当心动物！”这是提醒驾车者的警告牌。

有一天晚上，妈妈驾车穿行在澳洲草原的公路上，突然一个急刹车，定睛一看，原来前方有几只袋鼠横卧在公路上睡得正香。妈妈正准备下车驱赶这些“拦路鼠”的时候，导游叔叔连忙伸出食指放在唇边示意安静。他告诉芊芊母女，晚上暖烘烘的柏油路上经常会有袋鼠前来栖息。与此同时，迎面驶来的车辆也悄然停下，熄了车灯。大家静静地等待着，观察着这群可爱的袋鼠。只见它们旁若无车，睡得更香了。1 分钟、2 分钟、10 分钟过去了，没有一声喇叭声，看不见一盏亮着的车灯，也没有任何人下车来驱赶那些袋鼠。就这样经过了十几分钟，领头的袋鼠才发现了“礼让”的车辆，招呼着家族成员一跳一跳地跳回到一望无际的大草原上去了。

在路上，导游叔叔一直在滔滔不绝地说着澳洲动物与人的故事。他说：“在澳洲，如果你开车不慎，辗死一只乌鸦都得要交罚款。你敢打鸟的话，邻居就会把你告上法庭。曾经有个来澳洲探亲的中国老爷爷，在女儿家闲得无事可做，便买了一只带笼子的鹦鹉。鹦鹉每天都放声鸣叫，给老人带来很多欢乐。谁知，没几天政府就接到邻居的投诉，称鹦鹉每天发出类似呼喊‘救命’的叫声。于是，政府有关部门随即派人上门查看，原来是鸟笼太小，鹦鹉在里面住得很不舒服，政府人员要求老人必须立即改进。老人最后只得忍痛割爱，将鹦鹉放生了。谁知这一举动，又遭到那个邻居的指责。原来这只鹦鹉是人工繁殖喂养的，对人有依赖性，如果被放生的话，它可能不会自己找食，就会饿死的……”导游叔叔还在讲着，芊芊却陷入了沉思。怪不得这里的动物这么喜欢亲近人类，那是因为这里的人已经把动物当成了他们真正的朋友。

人和鹦鹉和谐相处。

保护动物就是保护我们共同的家园。

◎保护动物就是保护我们的同类。

◎地球上没有了动物，那就是一个没有活力的世界。

◎是先有鸟还是先有蛋，你不知道，我不知道，只有鸟知道；是鸟先消失还是蛋先消失，你知道，我知道，只有鸟不知道。

◎动物是人类亲密的朋友，人类也要做动物可信赖的伙伴。

◎不要让我们的孩子只能在博物馆里才能见到今天的动物。

◎我赞同动物均有其权利，如同人类均有人权一样。这才是扩充仁心之道。

——林肯（美国总统）

◎当悲悯之心能够不只针对人类，而能扩大涵盖一切万物生命时，才能到达最恢宏深邃的人性光辉。

——史怀哲（非洲之父）

◎一个国家的道德是否伟大，可以从其对动物的态度看出。

——甘地（印度圣雄）

◎如果你照顾一只肚子饿的狗，给它食物，让它过好日子，这只狗绝不会反咬你一口。这就是狗和人类最主要的不同。

——马克·吐温（美国作家）

◎一个对动物残忍的人，也会变得对人类残忍。

——托马斯·阿奎纳（中世纪基督教神学家）

◎孩子在成长过程中，倘若未能学到以爱心对待动物的观念，将来可能造成其人格及行为发展的偏差。

——欧美研究报告

培养孩子的爱心，可以先从喜欢动物、珍爱动物开始。

◎ 是以圣人常善救人，故无弃人；常善救物，故无弃物。

——老子（中国思想家）

◎ 对不能说话的动物残忍是低贱和卑劣心灵的显著缺陷。无论在哪里发现，它都是无知和卑鄙的确定标志，是任何外在的优越条件如财富、显赫、高贵等都无法抹杀的标志。它与博学和真正的斯文都不沾边。

——威廉·琼斯（英国语言学家）

◎ 成千上万的动物每天都在遭到屠杀，而人类却没有一丝自责。它们呼喊着要向全人类报仇。

——罗曼·罗兰（法国著名作家）

◎ 作为这个星球的守护者，以善意、爱和同情来对待一切物种是我们的责任。这些动物遭受人类的虐待是不可理解的。请帮助制止这种疯狂。

——李察吉尔（美国影星）

◎ 人类根本不是万物之冠，每种生物都与他并列在同等完美的阶段上。

——尼采（德国著名哲学家）

◎ 人的确是“禽兽之王”，他的残暴胜于所有的动物。我们靠其他生灵的死而生活。我们都是坟墓。我在很小的时候就发誓再不吃肉了。总有一天，人们将视杀生如同杀人。

——达·芬奇（意大利著名画家）

◎ 皮草只有穿在它们的身上才美丽。其实我一直不解，既然是人，为何要把自己打扮成动物，穿上动物的皮毛，尤其是那些爱美的人，这种审美来得莫名其妙，毫无道理。没有买卖，就没有杀害。

——环保人士

穿上昂贵的动物皮毛，就能彰显出雍容华贵？
脱下皮草吧，让动物们更无忧地生活！

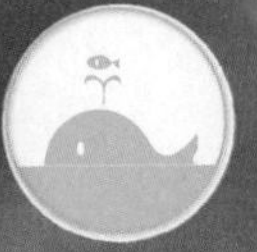

模拟动物的调侃语

◎猫头鹰说："黑夜给了我明亮的眼睛，我要用它去寻找藏起来的老鼠。"

◎蚯蚓说："世界上本没路，钻营得久了，也就有了路。"
螃蟹说："走自己的路，让别人说三道四去吧。"

◎蛇说："道路是曲折的。"
飞蛾说："别怕，前途是光明的。"

◎老鼠说："是生存还是死亡？这是个问题。"
猫说："适者生存。"

◎雄蜘蛛说："爱上你是我永远的错。"
雌蜘蛛说："爱，就是理解；爱，就是奉献；爱，就是包容。"

◎最先被杀的猪临死前说："愿在刀下死，做鬼也英雄。"
吃"四月肥"的猪说："120天后，老子又是条好汉。"
瘦弱的猪说："甘于被人喂养的下场是：谁先肥起来谁倒霉。"

◎蜗牛说："背着房子去流浪，咿呀咿呀呦。"
蜜蜂说："花开时节又逢君，蜗牛，好久不见了。"

◎屎壳郎说：“给我一个支点，我就能推动整个地球。”
蜻蜓说：“点到为止。”

◎蝴蝶说：“一花一世界。”
蜜蜂说：“主观为自己，客观为别人，我是勤劳的小蜜蜂。”

◎鱼说：“明明知道有人在垂钓，仍然免不了上钩。唉，究竟是什么蒙蔽了我们鱼的心灵呢？”

◎老虎说：“翻开我们的历史，我只能看到三个血淋淋的大字‘吃了它’。”
蚊子说：“真的猛士，敢于正视淋漓的鲜血。”

◎蛤蟆说：“不想吃天鹅肉的蛤蟆，不是好蛤蟆。”
蛇说：“蛤蟆你来吧，因为比大象更广阔的是我的胃。”

◎啄木鸟说：“早起的鸟儿捉不到更多的虫子。”
鸳鸯说：“孤独的鸟是可耻的。”

◎螳螂说：“沉默是金，祸从口出。”
黄雀说：“谁笑到最后，谁才笑得最美。”

◎曾经有只狐狸说：“我是骗过乌鸦口里的肉，可是仔细追究起来，真正骗了乌鸦的是它自己的虚荣心。”

◎蜘蛛甲说：“天网恢恢，疏而不漏。”
蜘蛛乙说：“有虫自远方来，不亦乐乎。”
蜘蛛丙说：“所谓网，就是百分之九十九的空间加上百分之一的美丽蛛丝。”
蜘蛛丁说：“我丝故我在。”
蜘蛛大王总结说：“守好这张‘网’，咱一辈子就吃喝不愁了。”

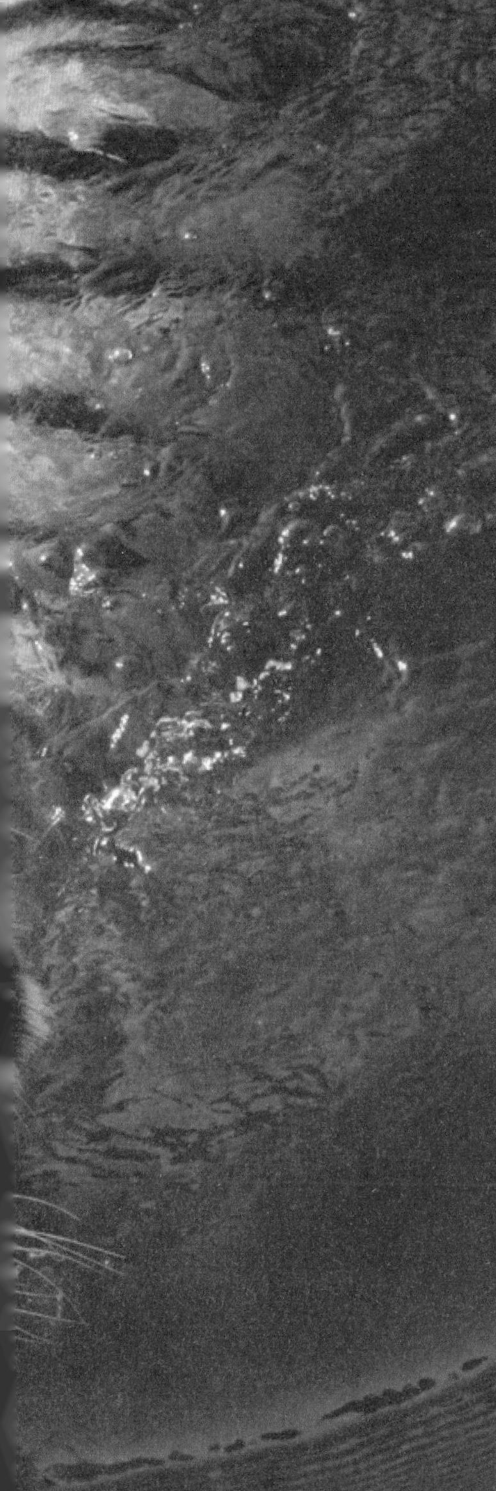

◎蚕说："世界上找不到两片相同的树叶。"
乌龟说："人不可能两次踏入同一条河流。"

◎鹬看着蚌说："我相信精诚所至，金石为开。"
蚌回答它说："关好自己门，管好自家人。"

◎苍蝇说："世界上从来不缺少蛋缝，缺少的是发现蛋缝的大眼睛。"

◎老虎说："我哪里威风八面了？没看见我的皮常常被人拿去做地毯吗？"

◎蚊子说："人们最爱唱高调，口口声声讲奉献，可是，我才吸了他们一丁点儿的血，他们就开始反抗了。"

◎马说："人们常说'先有伯乐，后有千里马'，其实千里马是靠自己跑出来的，不是靠伯乐封出来的。"

◎狗说："守了一辈子的门，明白一个道理：陌生人献给你的殷勤里，往往包藏祸心。"
另一只狗说："人们常说'狗拿耗子多管闲事'。其实是猫失职，才让我改行来抓耗子。"

◎啄木鸟说："我虽然也全靠一张嘴来工作，但我可以自豪地说，我从来没有说过一句空话和大话。"

◎蛇说："明知我是冷血动物，还妄想用温情来感化我，你傻呀？"

◎金丝雀说："我的身价从笼子的装饰上就可以看得出来。"

◎蜈蚣说："数数我有多少条腿吧！马才4条腿，我就不信我跑不过它。"

有趣的动物保护法

喜欢和小狗狗玩耍的小朋友。

近来，在中国许多地方虐猫虐狗事件频繁发生。看着那些被虐待的小动物们，让人既心痛又无可奈何。因为中国还没有小动物保护法，对于那些虐待、残杀小动物的人，我们只能从道德的角度进行谴责，而这并不能杜绝此类事件的发生。

相比中国而言，国外许多国家都制定了一套适合自己国情的动物保护法，这对那些处于弱势的动物们来说绝对是一件大事。我们期盼着中国将来也会出台相应的法律法规，让中国也成为动物健康成长的乐园。现在让我们一起看看各国的动物保护法吧。

德国：把动物列入道德关怀的范围

德国的《动物保护法》规定：每个与动物打交道的人必须仁慈地对待动物，必须具备一定的专业知识和相应的物质条件。当认领或购买小动物时，德国农业部下属的有关机构有权对认领者或购买者的饲养基本知识和家庭条件进行考察，只有符合规定条件并具备相应资格的人才能认领或购买小动物。

在德国，伤害动物会被处以罚款，情节严重、构成犯罪的，依照刑法的规定追究其刑事责任，最高将判处有期徒刑 3 年。弃犬者则需缴纳约折合人民币 23 万元的巨额罚款，严重虐犬者最高可判 2 年徒刑。

意大利：3 天不遛狗将被罚款

意大利法规规定：狗主人可以选择骑自行车遛狗，但应该控制速度，不能使狗太劳累；如果狗主人连续 3 天不遛狗，将被处以最高达 650 美元的罚款；主人不能给自己的宠物染色，或为了美观截去宠物身体的任何一部分等。意大利的动物保护法还规定，虐待或遗弃宠物者可被判入狱 1 年或罚款 10000 欧元。

加拿大：有专门针对动物的保险，虐待动物最高处罚为监禁5年。

加拿大保险公司提供了一项特别项目，就是宠物保险项目。主人若为宠物上了保险，就可以在它们生病时免付昂贵的医疗费。加拿大最有名的“动物计划”保险公司为狗和猫们准备了至少3种保险，分别为：医疗险、事故险和终身综合险。加拿大法规规定，凡杀害动物都属违法行为，虐待动物的处罚由以前的最长6个月监禁提高至5年。

小姑娘抱着自己心爱的小狗狗，一脸幸福的样子。

俄罗斯：注重动物的生命价值

俄罗斯《民法典》规定，权利人不能随心所欲地支配和役使动物，而应受到合理限制。又规定：权利人在行使权利时，不允许以违背人道原则的态度残酷地对待动物。在涉及到动物受害赔偿的问题上，要注重动物的生命价值，不能单纯地以动物的市场价值来界定赔偿标准。

英国：虐待动物的人将被剥夺饲养任何动物的权利

英国在保证动物不受虐待方面规定得非常细致。在英国，养动物的人要以最好的条件对待动物，没有达到法律规定的，将会遭到起诉。违反相关规定的处罚包括：罚款或判处有期徒刑；其所养动物要被送到政府或动物保护组织办的护养区；虐待动物的人一段时间或终生被禁止饲养任何动物；就算是主人不慎造成自己的宠物走失，也要缴纳25英镑罚款。

日本：滥杀和任意伤害动物要判刑

日本的《关于爱护及管理动物的法律》中阐明了制定法律的目的：所有人要认识到动物跟人一样是有生命的，请不要肆意虐待，而要致力于建成人与动物共生的环境，在充分了解动物习性的基础上采取适当的方式对待动物。处罚条款规定，滥杀和任意伤害动物要处1年以下有期徒刑，同时处以100万日元的罚款，虐待和遗弃动物要罚款30万日元。

各国动物图腾大揭秘

中国传统龙纹。

中国——龙

龙，从古至今就是中国人的象征。在中国神话中，龙是一种善变化、兴云雨、利万物的动物，传说能隐身又能显身，春分时翱翔在天，秋分时深潜在渊。它能兴云致雨，为众鳞虫之长，是传说中的“四灵”（即麟、凤、龟、龙）之一，后来逐渐成为皇权象征。五爪金龙更是直接象征着皇帝，皇上既称天子，又以“九五真龙”自称。

前人把龙分为 4 种：有鳞者称蛟龙，有翼者称应龙，有角的叫虬，无角的叫螭。上下五千年，龙已经渗透到了中国文化的各个角落中，并得到了广泛的传播。在世界各国的华人居住区或中国城内，最多和最引人注目的饰物就是龙。因此，“龙的传人”、“龙的国度”这些说法也获得了世界的广泛认同。可以说，龙是华夏民族的代表，是中国的象征。

英国——狮子

在中世纪的英国，威武的狮子曾被视作英国皇家武力威严的象征。亨利二世在位时，英国皇家兵器上都雕刻有狮子。英国动物历史学家奥里根说，在古代，英国皇家生活奢华无比，狮子竟成了国王的宠物，被养在伦敦塔里，除了用于观赏，还成为皇室至高无上权威的一种炫耀。到现在，狮子仍是英国极具代表性的一种动物，英国国家足球队的运动衫上都印有狮子的图案。

英国白金汉宫大门上的狮子图案徽章。

德国——灰熊

灰熊曾经是德国最常见的野生动物，被视为“动物之王”，成为柏林市徽的标志。在柏林各大市政机构都可以看到印有灰熊图案的旗帜。2004 年 11 月 2 日，灰熊被定为德国 2005 年度国家动物。

日本——雉鸡

1947 年，日本指定雉鸡为国鸟。雉鸡是日本土生土长的动物，被看成是最高贵的上等鸟类，自古就受到日本人的喜爱。雉鸡不仅是日本人爱吃的一道美味，还是婚礼上必不可少的一份贺礼。

雉鸡是日本土生土长的动物。

土耳其——狮子

虽然没有明文规定，但土耳其人还是把狮子作为代表本国人民强大和力量的象征。在土耳其国父阿塔图尔克陵墓中，狮子的雕像被放在了陵墓的大道两侧。不仅如此，连土耳其人喝的唯一一种烈酒——茴香酒也被叫作狮子酒，意思是喝了这种酒以后会像狮子一样强壮、有力。

印度——大象

在我们看到的许多印度电影里，经常能见到大象的身影。大象在印度人心目中是智慧与力量的象征，不少印度人信奉象鼻神。但不是所有的印度人都信仰大象，对于来自不同地区的印度人来说，印度的代表动物并不是一个。除了大象，印度国徽上的狮子也被部分印度人视为国家标志。

在印度宗教中，大象已被化作神的象征。

法国——雄鸡

法国人崇尚勇敢、自由和浪漫，所以他们选择了昂首挺胸的雄鸡作为国家的象征。每当有法国足球队上场时，都会抱出一只大公鸡炫耀一下，希望能给球队带来好运气。早在 17 世纪时，法国人民就开始把雄鸡作为他们国家的象征，传说是为了纪念法国军队赶跑西班牙军队的胜利，法国人制造了一枚铜币，铜币上印有一只威武的雄鸡追赶一只逃跑狮子的图案。如今，“高卢雄鸡”已成了骄傲的法国人的象征。

美国——白头鹰

美国的标志动物为白头鹰，也叫白头海雕。白头鹰体形较大、力量充沛、浑身褐色，头部和尾巴处点缀有白色的羽毛。在很多美国人眼里，这种大鸟代表了力量、勇气、自由和永恒，是美国精神的最好诠释，在 1782 年就被定为美国的国鸟。随后，其形象出现在了美国的国徽、总统旗帜及 1 美元钞票上。

白头鹰因其体形大、力量充沛而成为美国的标志。

印第安人——羽蛇神

印第安文明的图腾是羽蛇神，羽蛇神的名字叫库库尔坎，是玛雅人、阿兹特克人心目中能为他们带来雨季并与播种、收获、五谷丰登有关的神祇，一般被描绘为长羽毛的蛇的形象。相传，羽蛇神主宰着星辰，发明了书籍、立法，而且给人类带来了玉米。羽蛇神还代表着死亡和重生，是祭司们的保护神。